伝わるメール術

だれも教えてくれなかった ビジネスメールの正しい書き方

一般社団法人日本ビジネスメール協会 代表理事
平野友朗
HIRANO Tomoaki

技術評論社

まえがき

「メールを書くのに時間がかかる」
「メールがたくさん届いて処理が終わらない」
「返信漏れがあって怒られた」
「どう書いてよいのかいつも迷う」

皆さんはさまざまなメールの悩みがあって本書を手に取ったはずです。

社会人になりたての頃は、メールで失敗をしても、多少の間違いがあっても、先輩や上司が優しく教えてくれたはず。新入社員だからと大目に見てもらえることもあったのではないでしょうか。

でも、入社して3〜5年もたつと、後輩が入ってきてメールの書き方を教える立場となります。部下から報告や共有のために、会社から通達のために、上から下からとメールはひっきりなしに届きます。

TOで受け取るメールに返事をして、CCで受け取るメールに目を通し、数えきれないほどのメールをさばく毎日。さらに自らもメールを送り、仕事を進めなければならない。処理しなければいけないメールの数は、増加の一途をたどります。

私は、ビジネスメールのプロフェッショナルとして、メールについて研修やセミナーで年100回以上講演しています。日本一、メール教育の現場に携わってきました。日々、メールに関するさまざまな相談を受け、これまでに1万通のメールを添削し、1日に書くメールの数は100通を優に超えます。

研修や添削をしていく中で、メールの処理が速い人と遅い人には、ある決定的な違いがあることに気付きました。

なぜ、メールの処理が遅いのか。その理由は明白です。メールに対して過剰品質なのです。

メールを書くたびに考え、悩み、完璧を求めてしまう。調べなくてよいことまで調べ、正しさにこだわり、時間をかけすぎている。丁寧であることをよしとする反面、一つ一つの動作が遅く、動いているから働いていると思い込んでいる。

極端な言い方をすれば、15分かけて1通のメールを作成しているような状況です。渾身の力をふりしぼってよいメールを書いても、時間をかけすぎたのでは評価されません。そのことに気付いていない人は意外と多いようです。

メールは仕事上のコミュニケーション手段の1つ。丁寧であること、配慮があることは不可欠ですが、過剰であることは求められていません。常に100点を目指すのではなく、正しく伝わり、不快感が生まれないなら90点を目標にすべき。要は、質と時間のバランスが重要です。

メールを書く時間はもっと減らせます。1日にメールを10通書き、30通のメールを受信している。そのような人は毎日、2時間近くをメールに費やしています。誰でも、この時間を1〜2割は減らせます。つまり、15分はかんたんに削減できるのです。1年間に換算すると約60時間です。この時間をつかえば、さらに仕事の成果が出せることはかんたんに想像できるでしょう。

本書では、メールのプロが実際に行っている、丁寧で伝わりやすいメールをすばやく作成する秘策を伝授します。1つでも多くのことを実践してください。メールの呪縛から、きっと解放されることでしょう。

2019.1.吉日

一般社団法人日本ビジネスメール協会

代表理事　平野友朗

Contents

第1章 正しく伝わるメールが書ける基礎知識 ずっと使えるメールの書き方・考え方

Contents

第2章 レイアウトや言葉選びに注目 読みやすい、わかりやすいメール文章術

第3章 トラブルを未然に防ぐ メールの10大ミスをなくせばうまくいく

Contents

第4章 ルールを作れば迷いがなくなる マイルールで効率アップ

第5章 さらに上を目指す！ 一歩先の高速メール処理

■『ご注意』ご購入・ご利用の前に必ずお読みください

本書に記載された内容は、情報の提供のみを目的としています。したがって、本書を参考にした運用は、必ずご自身の責任と判断において行ってください。本書の情報に基づいた運用の結果、想定した通りの成果が得られなかったり、損害が発生しても弊社および著者はいかなる責任も負いません。

本書に記載されている情報は、特に断りがない限り、2019年1月時点での情報に基づいています。ご利用時には変更されている場合がありますので、ご注意ください。

本文中に記載されている会社名、製品名などは、すべて関係各社の商標または登録商標、商品名です。なお、本文中には ™ マーク、®マークは記載しておりません。

第1章

正しく伝わるメールが書ける基礎知識

ずっと使えるメールの書き方・考え方

正しく伝わるメールが書けると、その分メールの処理時間を減らせます。最初に押さえておきたいメール作成の基礎知識について解説します。

01 用件はタイトルだけですべて伝える

タイトルを読めばメールの意図が一瞬でわかるように

メール本文よりも大切なこと

ビジネスメールの悩みや困っていることを聞くと、「敬語が苦手」「正しく伝わるか不安」という声が上がります。メールは文字のコミュニケーション。文章（本文）への関心が高くなることはわかります。しかし、本文の書き方より重要なことがあるのです。

それが、タイトルです。

メールを開封するときのことを思い出してください。誰からの、何の用件か。この2つを必ずチェックしているはずです。これらの情報から、優先順位や難易度が判断され対応の順序が決まります。

どんなに敬語が正しくつかえても、わかりやすい文章が書けても、まず開封されなければ返事はきません。開封がメールの第一関門なのです。

MEMO 本書では、件名のことをタイトルと呼びます。

読んでもらえるタイトル　読んでもらえないタイトル

次の2つのタイトルから、届いたメールの内容を推測してみましょう。

タイトル① 打ち合わせについて

タイトル② 打ち合わせ（5/27）日程変更のご相談

①は、打ち合わせについてのメールであること以外は不明です。具体的な情報が足りません。リマインドと勘違いされて開いてもらえない可能性さえあります。開いてもらえたとしても、場所のことか、テーマのことか、参加者のことか、読むまで主題がわかりません。「打ち合わせの何のこと？」とストレスを与えます。

一方、②は、開封する前から「打ち合わせの日程変更の相談」だとわかります。日程変更の相談ということは、本文には打ち合わせの日程を変更したい理由や、候補日が書かれているのだろう。このように予測しながら開封できます。そして、予測どおりに情報が書いてあれば、理解も早く、返事もスムーズです。すぐに読んでもらえます。

タイトルに盛り込むべき情報は3つ

メールのタイトルに書くべきは用件、つまり要点です。要点は3つの要素で構成されます。「**いつ**」「**何が（誰が）**」「**どうなったか（どうしてほしいか）**」の3つです。タイトルでは、これらを伝えます。

◆用件が伝わるタイトルの例

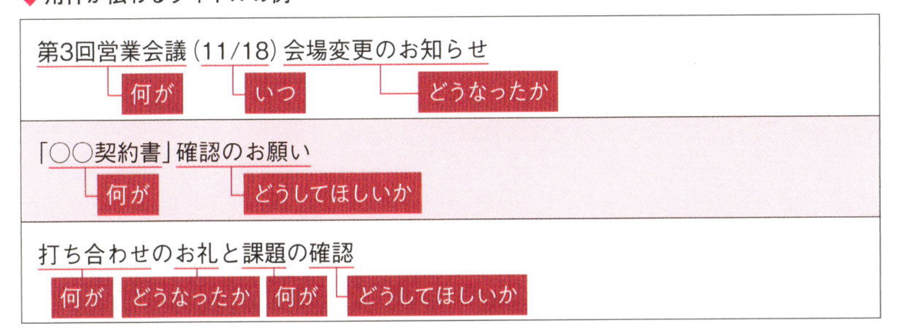

COLUMN 「いつ」は省略できる

日付が明らかなもの（当日のお礼や定例会議の会場変更）については「いつ」が省略できます。頻繁に打ち合わせをするなら、「何の打ち合わせ」のお礼かわかるようにすると、ほかの用件との混同を避けられます。

02 タイトルで相手の読み方をコントロール

開封後のすばやい行動を引き出すためにタイトルをつかいこなす

相手の行動を引き出すタイトル作成術

開封してもらったあとは、どれだけ早く相手に行動・返信してもらえるかがカギです。このとき重要なのが**タイトルの具体性**。

具体的なタイトルは、書き手と読み手双方にメリットがあります。

▶ 書き手のメリット

・用件を正しく理解してもらえる
・読み手がすぐに処理（返事）をしてくれる
・「わかりやすいメールを送ってくる人」と思われて印象がよい

▶ 読み手のメリット

・開封せずに用件がわかる
・処理（返事）がしやすい
・「わかりにくい」というストレスがない

メールが届き、タイトルに「確認」とあれば、確認が求められていると思い、返事を考えながら読みます。「連絡」とあれば、とくに返信は考えず、書いてある情報の理解に努めます。

書き手は、タイトルによって読み手の行動をコントロールできます。「確認」「報告」「連絡」「相談」「お詫び」「お礼」といった情報がタイトルから読み取れると、主題の理解が早くなり行動につながります。

タイトルにつかってはいけないNGワード

相手の行動を引き出すタイトルの対極に、相手の対応が遅くなるタイトルNGワードがあります。

それが「～について」「～の件」というフレーズです。これらは具体性に欠けるため、相手の反応を遅くしてしまうのです。

「A社の件」というタイトルで相談メールを送ったとします。このタイトルでは相談であることを読み取ってもらえず、開封をあと回しにされる可能性が高くなります。開封されても、タイトルから相談だとは思われず、相手はただ目を通すだけで返事がもらえないこともありえます。

ついつい、つかってしまいがちな「～について」「～の件」。意図を伝えるべきタイトルにはつかうべきではありません。

タイトルが抽象的だと仕事が滞ります。迅速かつ円滑なビジネスのためにはタイトルを工夫しましょう。

◆NGタイトルとOKタイトルの比較

NG / OK
✕ ○○社の件 ○ 見積もり（○○社）の確認依頼
✕ サイトリニューアルについて ○ 公式サイトリニューアルのご提案と費用のお知らせ
✕ 進行について ○ ○○社の業務進行についてご相談
✕ 資料の確認 ○ ビジネスメール研修資料の納期の確認
✕ イベント開催報告 ○ マーケティングフェア（10/4）開催報告
✕ お礼です ○ 業務報告会（7/18）参加のお礼

03 仕事を前に進める見やすいメール本文のルール

読みやすい文章は「適切な改行」と「コンパクトな1文」で作る

空間がまとまりを作り出す

タイトルがうまく書けたら次は本文です。本文が読みづらいメールは仕事を停滞させます。

改行もなく、文字がぎっしり詰まった本文のメールを受け取り「面倒だ」「重たそう」と思って処理をあと回しにした経験が誰しもあるはずです。読みにくいメールは対応を先延ばしにしてしまいます。

それでは、メールを送る側として、どうしたら読みやすくできるのか。**いちばん大切なポイントは余白**です。**語彙力や文章力ではありません。**

適度に行間を取ったメールは、相手が実際に文章を読み始める前にスッキリと整理された印象を与えます。こうすることで相手がしっかりと読んでくれる可能性がグッと高まります。

行間の基本ルール

人の目は、**行と行の間のかたまりを意味のあるまとまりとして認識**します。そのため、内容に応じて行を空ける（空行を入れる）と読みやすくなります。

挨拶、名乗りはひとまとめにして、その前後を1行空ける。要旨、詳細、結びの挨拶のあとも、同様に1行空けます（P.20参照）。大きく内容が変わるときは、行間を2行にすると話題の転換を示せます。

文節・句読点で改行をする

ほどよい改行といっても、具体的にはどこで改行すればよいのでしょうか。

ポイントは2つ。「20～30文字程度で改行」「改行位置は文節・句読点」です。1行の読みやすさを意識します。

1文は長くても50文字

ダラダラと書かれた文章は解読するのに時間がかかります。伝わりやすい簡潔なメールにするために、「1文は50文字以内」を目安にしましょう。「～ですが」「～なので」「～けれど」のような接続助詞で文章をつなげるのはNG。冗長なだけです。接続助詞を多用してつなげる癖のある人は、つど句点（。）で文を終わらせましょう。

◆読みにくい文章、読みやすい文章の対比

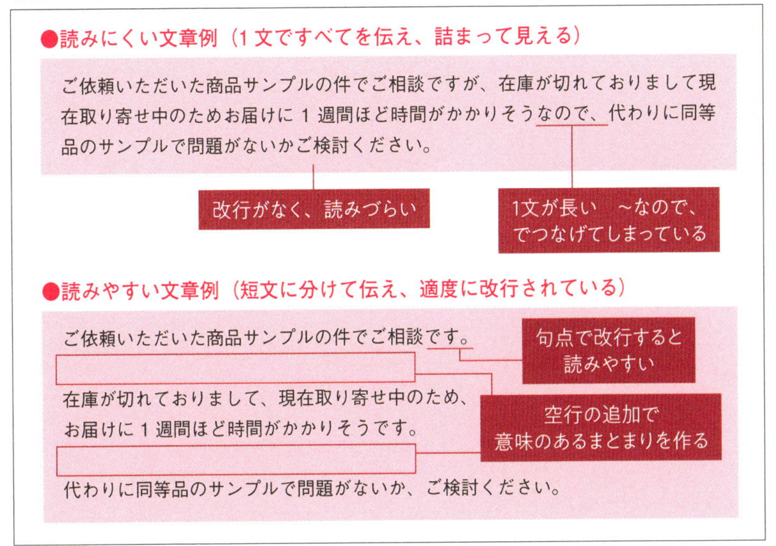

04 メール本文の「型」は1つしかない

メール本文で悩まない。7つのパーツを組み合わせるだけでスラスラ書ける

型を押さえるだけでスピードアップ

メール本文に何を書けばよいのかがわからず、試行錯誤して時間を消費した経験がある人は多いでしょう。

実はメールに何を書けばよいのか悩む必要はありません。**メールの構成にはたった1つのルールがあり、これさえ守れば通用する**からです。

メールの技術を学ばず、勘や経験だけに頼っていると見落としがちですが、こういったルールを身に付けることで、メールを書く速度はどんどん上がっていきます。

メールは「考える」「書く（入力する）」という2つのプロセスで構成されています。考える時間を減らすことが時間短縮の第一歩。メールも手紙やビジネス文書のように基本的な型があるのです。まずは、この「型」を覚え、余計なことを考える時間を減らしていきましょう。

7つのパーツを手に入れよう

メールの本文は必ず、7つのパーツで構成されています。

① 宛名	誰宛てのメールなのか
② 挨拶	相手への挨拶
③ 名乗り	自身の名前や所属を名乗る
④ 要旨	何の件についてメールを送ったかのまとめ
⑤ 詳細	このメールで伝えたいことの本題(詳細情報)
⑥ 結びの挨拶	相手への結びの挨拶
⑦ 署名	連絡先などの署名

最初に、誰宛てなのか宛名を書く①。用件に入る前には、挨拶をして、名乗る②③。何の件でメールを送ったのか要旨を書き④、そのあとに伝えたい本題（詳細情報）を書く⑤。最後に挨拶と署名で締めます⑥⑦。署名は自動的に挿入されるように設定している人が多いでしょう。

この中で、宛名・挨拶・名乗り・結びの挨拶・署名は単純に処理（パターン処理）できます。

宛名・挨拶・名乗り・結びの挨拶は相手や状況によって微妙に変えるだけで基本的には同じルールで書いていきます。署名は一度考えたら、それをずっとメール末尾に自動で入れるだけ。

毎回、頭をつかって書くべきなのは、要旨と詳細のみです。こう考えたら、メールを書く心理的ハードルがグッと下がります。まずは埋められるところをすばやく埋め、あとはメールを送る理由を振り返りながら要旨と詳細を書いていきます。

MEMO 了解や同意を示すだけのメールなど、パーツを省略する場合もあります。

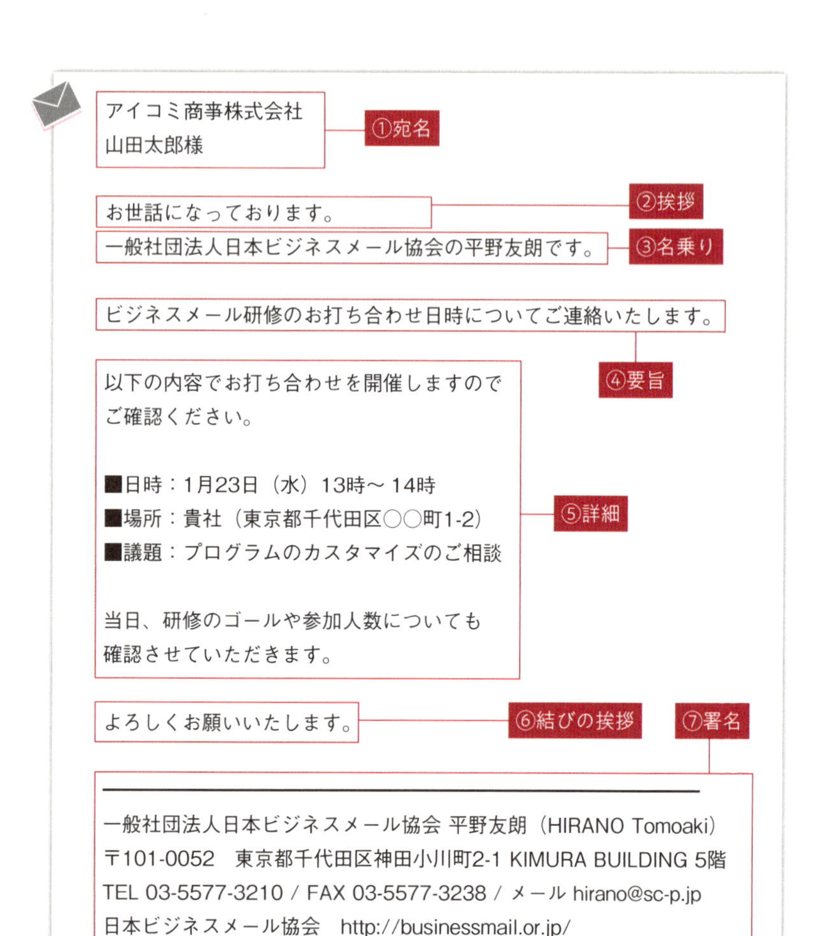
アイコミ商事株式会社
山田太郎様

お世話になっております。
一般社団法人日本ビジネスメール協会の平野友朗です。

ビジネスメール研修のお打ち合わせ日時についてご連絡いたします。

以下の内容でお打ち合わせを開催しますので
ご確認ください。

■日時：1月23日（水）13時～14時
■場所：貴社（東京都千代田区○○町1-2）
■議題：プログラムのカスタマイズのご相談

当日、研修のゴールや参加人数についても
確認させていただきます。

よろしくお願いいたします。

一般社団法人日本ビジネスメール協会 平野友朗（HIRANO Tomoaki）
〒101-0052　東京都千代田区神田小川町2-1 KIMURA BUILDING 5階
TEL 03-5577-3210 / FAX 03-5577-3238 / メール hirano@sc-p.jp
日本ビジネスメール協会　http://businessmail.or.jp/
---

①宛名

誰に宛てたメールなのかがわかるように、相手の名前を書きます。「会社名・部署名・役職・姓名＋様」が一般的です。近しい相手なら、会社名などは省略して「姓名＋様」や「名字＋様」のみにすることもあります。

②挨拶

社外なら「お世話になっております。」、社内なら「お疲れ様です。」が一般的です。気持ちよく読み進めてもらうためにも、ひとこと挨拶しましょう。

③名乗り

送信者がどこの誰かがわかるように名乗ります。社外に送るときには、会社名と姓名または名字。社内に送るときには、会社名は不要です。

④要旨

「【いつの】【何の】件で、【用件（報告・連絡・お礼・確認・相談など）】がありメールいたしました。」のように、メールを送った目的を書きます。

⑤詳細

6W3H「誰が（Who）・いつ（When）・どこで（Where）・誰に（Whom）、何を（What）・なぜ（Why）・どのように（How）・どのくらいの数で（How many）・いくらか（How much）」を参考に、情報の抜け漏れがないように要旨を補足する詳細を書きます。

⑥結びの挨拶

メールの最後は挨拶で締めます。「よろしくお願いいたします。」を基本形とし、メールを送った意図に合わせて「ご確認」「ご検討」「ご調整」のような言葉を前に付けます。

⑦署名

「会社名・部署名・役職・姓名・よみがな・郵便番号・住所・電話番号・ファクス番号・メールアドレス・公式ウェブサイトのURL」など名刺と同程度の情報を入れましょう。

05 宛名はいちいち考えない

宛名を書くたびに悩むのは時間の無駄。ルールを覚えよう

どんなときも宛名は必要

メールの冒頭には必ず宛名を書きます。宛名がないと誰宛てのメールかわかりません。「自分には関係のないメールではないか」「読む必要がないのでは」と思われる可能性があります。宛名が書かれていないと雑な印象も与えます。

宛名の書き方は原則2パターン。社外と社内で書き分けます。

社外の人に送る場合、もっとも丁寧に書きたいなら「会社名・部署名・役職・姓名」を書きます。

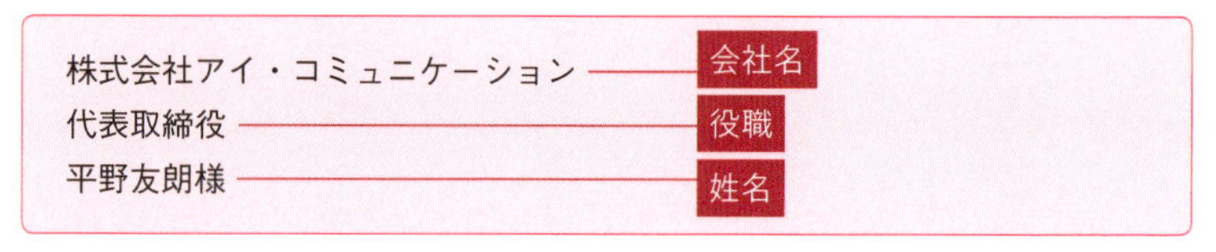

社内なら姓名や名字だけ、あるいは部署名と姓名や名字を書きます。

MEMO 敬称を忘れずに。個人名のあとには「様」が付きます。社内の場合は「さん」をつかうこともあります。

省略もパターン化できる

部署名や役職まですべて書くと丁寧な印象を与えますが、一方で毎回

ここまで丁寧だと堅い印象を与えかねません。

コミュニケーションは回を重ねるごとに打ち解けて、つかう言葉や態度にも変化が見られるもの。相手との距離が縮まってきたら会社名と姓名または名字でも失礼ではありません。

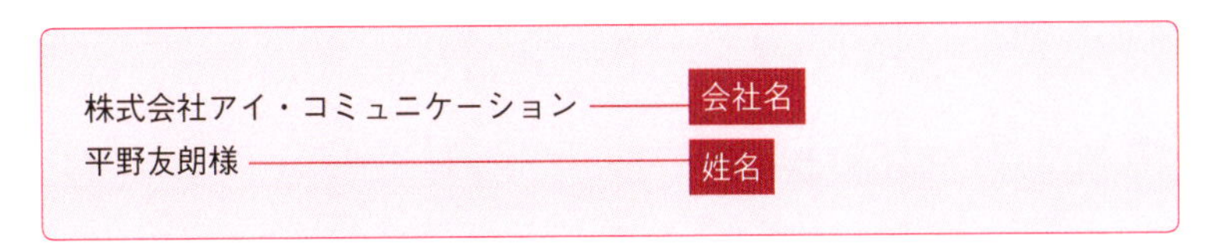

COLUMN 役職をあえて書かない

昨今、複数の役職に就いていたり、役職がカタカナで長い名称であったり、すべてを書くと煩雑な印象を与えることもあるため役職を省略するケースも珍しくありません。部署異動や役職変更（昇進、降格）なども頻繁です。名刺に記載されている役職である「部長」と書いてメールを送ったら、降格していて部長代理になっていたということもありえます。

正しく書いたつもりが、かえって失礼なことをしているのでは逆効果。書くのであれば間違いのないように。それが大前提です。現在の役職を正確に把握できていなければ、役職をあえて書かないのも１つの手です。

COLUMN どこまで崩してよいのか

関係性で宛名を書き分けられるというと「役職を省略してもよいのは何回目のメールからですか？」と聞かれることがあります。関係性によるもので、○回以上なら省略できるといったルールはありません。

宛名を崩すときは、まずは相手に合わせるのが無難です。営業など商品・サービスの提供者、相手との距離感を図るのに自信がない方は、相手よりちょっとだけ堅く書くというルールを守りましょう。相手が「平野さん」と書いてきたら「名字＋様」で返事をする。このように相手より少しだけ堅く書くのがポイントです。相手に合わせながら、徐々に崩すタイミングを図れば、さじ加減も身に付きます。

宛名を書くのに5秒以上悩むのは時間の無駄です。ルールに従いすばやく書いていきましょう。

06 挨拶・名乗りは定番パターンでOK

挨拶と名乗りをセットで始める

社内と社外で挨拶は異なる

「挨拶・名乗り」も原則は2パターン、社内と社外向けしかありません。社内に向けたメールでは「お疲れ様です。平野です。」のような「挨拶・名乗り（名字）」が、社外向けのメールは「お世話になっております。〇〇会社の××です。」という「挨拶・名乗り（会社名と名前）」が一般的です。

挨拶のバリエーション

社外へのメールは、通常「お世話になっております。」を使用します。頻度が高い場合は「いつもお世話になっております。」、お世話になった程度が高い場合は「大変お世話になっております。」、頻度も程度も高い場合は「いつも大変お世話になっております。」のように、相手との関係性によって変えることもできます。

COLUMN 初めての相手とのやりとり

初めて受け取るメールに「お世話になっております。」と書かれていることに違和感を覚える人がいます。気になる人は初めて送るメールなら「はじめまして。」「初めてご連絡いたします。」のような挨拶でもよいでしょう。

個人としては初めて送るメールでも、会社としてすでに取引がある場合は、私は初めてですが会社としてというニュアンスを込めて「いつもお世話になっております。」をつかうこともあります。

◆よくつかう挨拶の例

文例	使い方
お疲れ様です。	まずはこれだけ（社内）
お世話になっております。	まずはこれだけ（社外）
はじめまして。	初めて（社外）
お世話になります。	初めて／通常の利用も可（社外）
いつも大変お世話になっております。	お世話になっている頻度・程度が高い（社外）
いつもお世話になっております。	お世話になっている頻度がやや高い（社外）
大変お世話になっております。	お世話になっている程度がやや高い（社外）
おはようございます。	朝の挨拶（社内、社外）

MEMO 企業の場合は、組織が大きいため社内であっても「お世話になっております。」をつかうケースもあります。

COLUMN 社内の挨拶はどうすればよいの？

朝は「おはようございます。」と時間帯に応じた挨拶もできます。私も、社内で朝一に送るメールは「おはようございます。」で書き始め、それ以降は「お疲れ様です。」をつかっています。

「このメールは朝、書いたんだな」ということが伝わったほうが、気持ちのよいコミュニケーションがとれると考える人もいます。

MEMO 相手がいつメールを読むかわからないという理由から、時間を意識させる挨拶をつかわないという人もいます。

07 メールの書き出しでもう悩まない！

メールの主題を伝える「定番フレーズ」を身に付ける

全体像を示してから詳細を書く

「宛名・挨拶・名乗り」を書いたら、次は要旨です。**要旨は、メールを送った意図をひとことで伝えるもの。**メールごとに異なり、パターンから選ぶものではありません。ここで悩んでしまう人もいるでしょう。

しかし、実は要旨もある程度はルールが存在します。この**ルールさえ覚えておけば、悩まずに一瞬で要旨を書ける**ようになります。

メールを送る目的はさまざまです。情報共有・お礼・依頼・承諾・通達（お知らせ）・苦情・謝罪・拒否・催促などがあります。読み始める前にこの目的、論点がわかると、読みやすく理解しやすくなります。

いきなり詳細や自分の意見を書くと、何を伝えたいのか相手は理解できません。文章を読みながら「○○のことをいいたいのだろうか」「いや××のことだろうか」と考えさせるのは悪いメールの典型。わかりやすいメールは、要旨が簡潔にまとまった、一読で理解できるものです。

要旨の書き方はシンプルに

要点をまとめるといわれても、まとめ方がわからず混乱してしまう人がいるかもしれません。原則を押さえましょう。

要旨の基本は、「用件+5W1H」の活用です。

5W1H（いつ・どこで・誰が・何を・なぜ・どのように）の情報を2～3つ盛り込むことで、全体像がわかりやすくなります。

「**【いつの】【何の】**件で、**【用件（報告・連絡・お礼・確認・相談など）】**がありメールいたしました。」このような構造にするとわかりやすくなります。盛り込む内容は、相手がメールを理解しやすいよう考えます。

「メールがわかりにくい」といわれたことがある人は、要旨をまとめる癖を付けましょう。

MEMO　慣れないうちは「いつの」「何の」を中心に考えましょう。要旨があると、より内容が伝わりやすくなります。

◆全体像が把握しやすい要旨の例

○○サイト運用の参考になりそうな情報がありましたので、リンクを共有いたします。
本日は、打ち合わせのお時間をいただきまして誠にありがとうございます。
8月24日（金）の研修資料の作成についてご連絡いたします。
ご依頼の件、承知しました。
年末年始の予定が決まりましたので、お知らせいたします。
○○商品の破損について、～～を確認したくご連絡いたしました。
このたびは～～の件でご心配をおかけして大変申し訳ありません。原因と今後の対応についてご連絡いたします。

08 結びの挨拶は3パターン覚えるだけ

結びの挨拶は3つを覚えてつかい分ける

結びは「通常」「気持ちを伝える」「行動の促進」の3つで完璧！

メールを送る目的は主に「通常の情報伝達（通達・案内など）」「気持ちを伝える（感謝・謝罪など）」「行動の促進（依頼・確認・催促など）」の3つに分類できます。

結びの挨拶も毎回「よろしくお願いいたします。」だと味気なく、メールを送った意図とずれる可能性があります。代表的な挨拶のバリエーションを押さえておきましょう。

◆ 通常のメール（情報伝達）

よろしくお願いいたします。
今後ともよろしくお願いいたします。

◆ 気持ちを伝える

ご連絡いただきありがとうございます。
このたびは、お知らせいただきありがとうございます。
このたびは、ご迷惑をおかけし大変申し訳ありません。

◆ 行動の促進

ご検討よろしくお願いいたします。
ご確認よろしくお願いいたします。
ご回答よろしくお願いいたします。
それでは、ご返信をお待ちしております。

場面に応じて適切な挨拶を選択しましょう。通常は「よろしくお願いいたします。」をつかいます。

COLUMN **やりとりが続く場合**

やりとりが続くときは「引き続きよろしくお願いいたします。」にして、一旦案件が終わるときは「今後ともよろしくお願いいたします。」でメールを締めます。このあたりは自分のパターンが確立できると、1秒以内に選択できるようになるでしょう。

メールでつかわないほうがよい結びの挨拶

メールでつかわないほうがよい結びの挨拶もあります。それが「取り急ぎ〜。」「ご返信は不要です。」の2つです。

「取り急ぎご連絡まで。」というのは、そのあとにしっかりした連絡があることが前提となります。お礼のメールにこの挨拶が書いてあったけれど、そのあとに連絡がこないと違和感を覚える人もいます。

私は「取り急ぎ」という言葉はとってつけたような印象を与えるのでつかいません。メール自体を丁寧に書けば「取り急ぎメールにして失礼します。」なんて断りは不要でしょう。

「ご返信は不要です。」もつかわないほうがよいフレーズです。メールは送ったら確実に届くと思っている人がいますが、通信経路のどこかで消滅することもあります。伝えたつもりで伝わっていなかったとなると、トラブルにつながる可能性があります。届いていたとしても相手が見逃している可能性も否めません。「返事がないから正しく伝わっているだろう」「質問がないから問題はないだろう」と考えるのは早計です。常に、届いていない可能性を考慮してコミュニケーションをとるべきです。

MEMO 「ご返信は不要です。」と最後に書いてあると、読みながら部分引用で返事を書いている人からしたら、最後にその文字を見つけてガッカリします。書くなら冒頭で「このメールは連絡を目的としているのでとくにご返信は必要ありません。」と伝えたほうが親切です。

09 メール署名の正解

署名は名刺。ビジネスシーンで恥ずかしくない署名のつかい方

メールの署名は現代の名刺

メールが当たり前の現代、先方の連絡先を調べるのに名刺を探すことは少なくなりました。電話番号や住所はメールの署名欄で確認する人が多数派です。名刺をほとんど管理していないという人は珍しくありません。

こういった人とのやりとりも円滑にするために、署名には名刺と同程度の情報を入れるべきです。連絡先がすぐにわからないと機会損失につながります。

名刺を見れば、入れるべき情報がわかる

メールの署名にどんな情報を入れるべきか迷ったら、先輩達がどんな情報を盛り込んでいるのか確認しましょう。会社によっては「このメールには機密情報が含まれています。宛先が間違っている場合は速やかに削除してください」のようなディスクレーマー（免責事項など）を入れているケースもあります。

このような特別なルールがないならば、まずは名刺に含まれる基本情報をすべてメールの署名に盛り込んでください。

「会社名・部署名・役職・姓名（よみがな）・郵便番号・住所・電話番号・ファクス番号・メールアドレス・公式ウェブサイトのURL」などが書けるはずです。さらに会社のキャッチコピーや関連サイトのURLを記載するケースもあります。

◆一般的な署名①

```
――――――――――――――――――――――――――――――――――
一般社団法人日本ビジネスメール協会　平野 友朗（HIRANO Tomoaki）
〒101-0052　東京都千代田区神田小川町 2-1 KIMURA BUILDING 5 階
TEL 03-5577-3210　/　FAX 03-5577-3238 / メール hirano@sc-p.jp
日本ビジネスメール協会　http://businessmail.or.jp/
ビジネスメールの教科書　https://business-mail.jp/
――――――――――――――――――――――――――――――――――
```

◆一般的な署名②

```
――――――――――――――――――――――――――――――――――
株式会社アイ・コミュニケーション
代表取締役　平野 友朗（HIRANO Tomoaki）
〒101-0052
東京都千代田区神田小川町 2-1 KIMURA BUILDING 5 階
電話番号　03-5577-3237
ファクス番号　03-5577-3238
メールアドレス　hirano@sc-p.jp
アイ・コミュニケーション　http://sc-p.jp/
――――――――――――――――――――――――――――――――――
```

MEMO　会社名や姓名が読みづらい場合はよみがなを付けます。私の場合は、「友朗」という名前が読めないことも想定されるので「平野友朗（HIRANO Tomoaki）」と記載しています。

COLUMN 小さい組織の場合は部署名を書かないこともある

部署名は原則書いたほうがよいでしょう。ただ、規模が小さい組織の場合は、部署名を書かないことも珍しくありません。また、役職の高さを自ら示す必要はないと、署名には役職を書かない人もいます。一方、業種業態や慣習にもよりますが、メールの宛名で役職を書くことが一般的な場合、署名には役職を書いてほしいと考える人もいます。署名を見ても役職がわからないため問い合わせることになれば、相手に手間をかけさせることになります。自社の運用にあった情報を明記してください。

10 伝わらないメールはなぜ生まれる？

なぜ、あなたのメールが伝わらないのかを考える

伝わらない3つの理由

ここまでで紹介したメールの構成を守れていても、読んでいて「で？何がいいたいの？」と感じるメールは意外と多いものです。伝わらないメールには、3つのパターンがあります。

① 結論（全体像）がわからない
② 情報不足
③ 文章が理解できない

①の「結論（全体像）がわからない」は、何度読んでも意図がわからないメール。依頼なのか、確認なのか、相談なのか、何のためにメールを送っているのかがわからない。読み方によっては依頼だとも読み取れる。しかし、読み返すとただの連絡のようにも読める。情報が断片的で、全体像がつかめないメールの特徴です。これを避けるためには、結論(全体像) を冒頭の要旨できちんと伝えます。

②の「情報不足」は、全体像はつかめるけれども情報が足らないメール。たとえば、イベントにきてほしいということはわかった。でも、なぜきてほしいのか、メールを送った意図が書かれていない。そのため、読んでいる人は「なんで私に声をかけたんだろう」と疑問に思います。

この場合、理由を書けば相手が納得する可能性は高まります。イベントに誘っているのに申し込み方法や開催場所を書いていない。これも情報が欠落しています。このようなメールを受け取ったら「で？ それで？」

といいたくなるのも無理はありません。

最後に③の「文章が理解できない」メール。全体像はなんとなくわかるし、情報もそろっているように思える。しかし、読み進めても文章が支離滅裂で意味がわからない。こうしたメールには日本語のスキルの問題も含まれています。

◆情報の整理方法

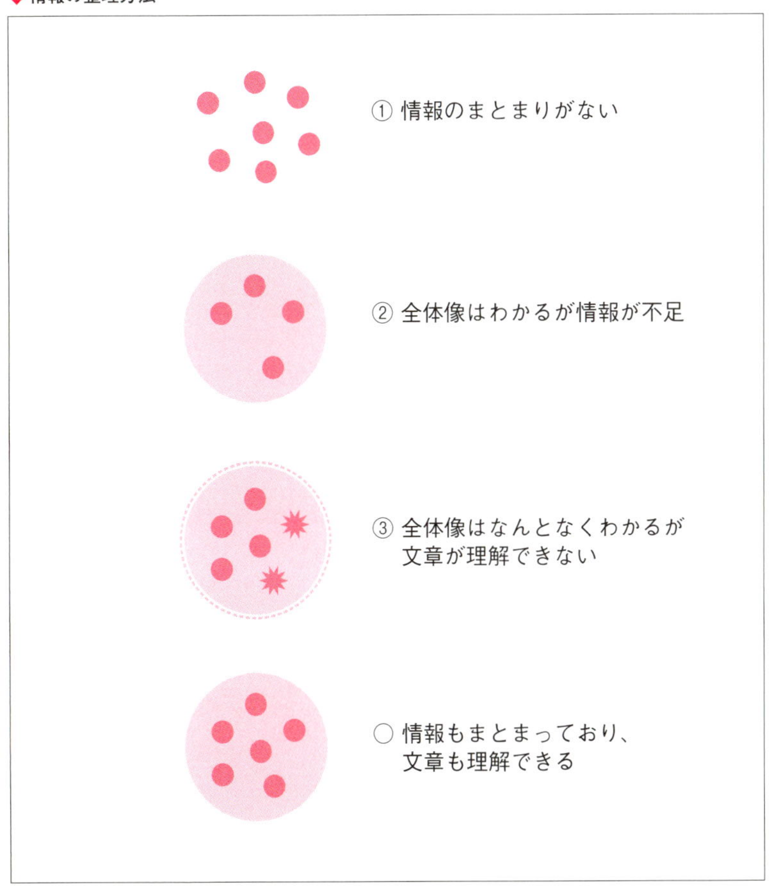

◆意味のわからないメール

アイコミ商事株式会社
山田太郎様

お世話になっております。
一般社団法人日本ビジネスメール協会の平野友朗です。

来月のイベントには同業他社も含めて複数社が展示します。
私も初めての取り組みのためワクワクしています。

前回も声をかけようと思っていまして、
今回は急に思い出したので、すぐに連絡ができました。
先日、山田さんの上司がイベントの案内をしてほしいといっていました。

何かあれば、このメールに返信していただけたらと思います。

時期は記載しているが、場所や参加費などのそのほかの情報が不足している

イベントに興味がある相手に声をかけようと思っていたということはなんとなくわかるが、文章が理解できない

左のメールでは、内容の情報不足②と、全体像はわかるが文章が理解できない③という2パターンがあるために、非常に伝わりづらいです。

このメールの情報を整理すると、右のメールのような文章になります。

まず、イベントについて日時や場所などを詳しく記載しています。これで相手には、イベントの概要が伝わるでしょう。そのあとに、イベントの補足情報や相手の上司が興味を持っていたことを添えることによって、相手にさらに伝わりやすいメールとなっています。

◆意味の伝わるメール

アイコミ商事株式会社
山田太郎様

お世話になっております。
一般社団法人日本ビジネスメール協会の平野友朗です。

3月10日（日）に開催する「○○イベント」について
ご連絡いたします。

詳細を以下にまとめましたので、ぜひともご検討ください。

日時：2019年3月10日（日）10：00～17：00
場所：東京都千代田区XXX
参加費：無料（完全予約制）
申込方法：弊社サイト(http://www.sc-p.jp/)よりご予約ください。

今回のイベントは、国内最大規模で300社が参加します。
○○業界のノウハウを横断的に手に入れられる数少ない機会です。

しかも、プレゼンテーションだけでなく、
実際のデモ機に直接触れることができる場も設けています。

上司の田中様もイベントに興味をお持ちでしたので、
お二人でご参加いただけますと幸いです。

ご不明な点やご質問がございましたら、お気軽にご連絡ください。

よろしくお願いいたします。

COLUMN

様・さま・さん・殿のつかい分け

受信メールの敬称を見ると「様」「さま」「さん」などが並んでいます。人によってつかう敬称が異なることもあり、果たしてどれが正解か迷うこともあるのではないでしょうか。ちょっと珍しいケースでは「殿」もありました。ただ、「殿」をつかう人はごく少数なので、これはつかわないほうがよいでしょう。相手が違和感を持つものは排除したほうがよいです。

それでは「様」「さま」「さん」をどのようにつかい分けたらよいのか。宛名を書くときに会社名は省略してもよいのか。そのような質問を多く受けます。基本は「様」。付き合いに応じて変化させるのがよいでしょう。私の場合は、電話でも気軽に話をする仲になったら会社名を省略して姓名または名字のみにして、より近しい間柄の場合は敬称を「さま」「さん」に変えることもあります。何十回とやりとりをしているのに、いつまでも「会社名・部署名・役職・姓名＋様」を書いていると「堅い人だ」「気難しい人だ」と思われるかもしれません。少しくだけて話す間柄になったら、それに合わせてメールの宛名も変化させると自然です。

相手との距離感を図り、自分で微調整しましょう。

ただし、相手との距離感を図るのが苦手な方は、相手にそろえる、もしくは相手よりちょっとだけ堅く書くというように、まずは相手のメールに合わせるのが無難です。とくに営業職の方はそうしてください。そのような判断を機械的にしても構いません。

さじ加減がわからないなら「様」で通すのが無難でしょう。

第2章

レイアウトや言葉選びに注目

読みやすい、わかりやすいメール文章術

読みやすいメールにはいくつかの法則があります。メールをひと目見て「読みやすい」と思わせる技や言葉の選び方を解説します。

11 メールの見た目にトコトンこだわる

読みたいと思われるメールの書き方

内容にこだわる前にレイアウトを意識

これまで多くの企業でビジネスメールの研修を行ってきましたが「文章の書き方を教えてください」といわれることが圧倒的に多いです。みなさんメールの改善というと文章に目が行きがちです。実は、文章の改善は最後でよいのです。

メールをよくしたいなら、まずはレイアウトの改善から。

メールではパッと見て「読みやすそう」「かんたんに処理できそう」という印象を与えることが重要です。メールを読みにくいと思われたら、あと回しにされる可能性が高まります。

メールを読みやすくする最大のポイントは改行と行間です。メールは縦にスクロールしながら読むものなので、左右に目が動き過ぎないほうがよいでしょう。

相手が使用しているメールソフトもさまざまです。私がつかっているメールソフト(Gmail)は1行が89文字まで表示されます。次のようなメールは本当に読みにくいですね。

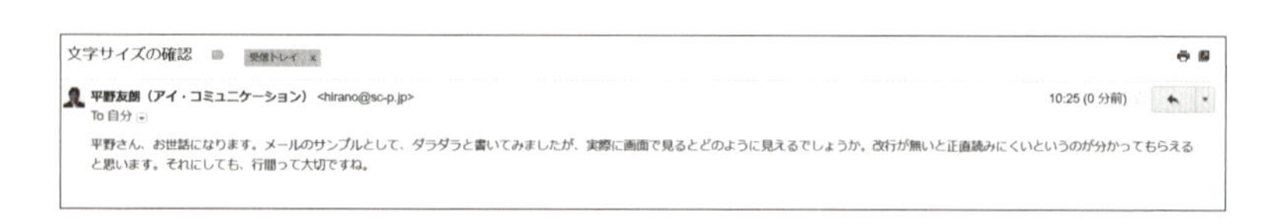

MEMO 文字サイズの設定などにより、1行の最大表示数は変わります。

改行は文節・句読点で

1行の文字数は20～30文字程度を目安に、文節や句読点で改行します。それであれば、どのメールソフトで見ても違和感なく読めます。

◆ 改行位置の目安

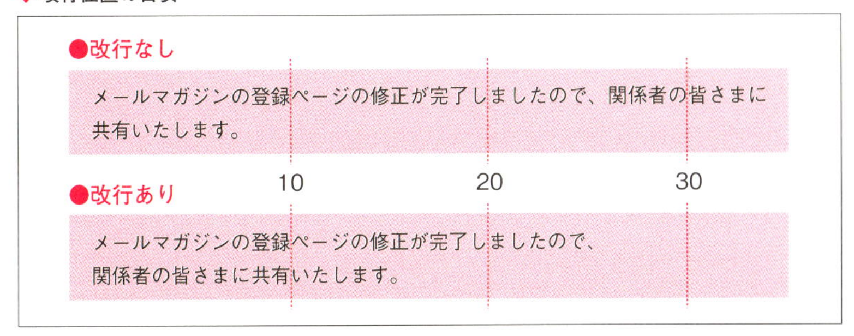

この1文だけでは大差がないように感じるかもしれませんが、メール全体で見たら圧倒的に読みやすさが変わります。

メールでうまく伝えられない、誤解されることが多い、適切に処理してもらえない、そんなときは、送っているメールが読みにくくなっていないかと疑ってください。

COLUMN 1文は50文字以内

第1章でも解説したとおり、1文の文字数は50文字以内にします。つまり、1～2行書いたら句点（。）がくる。このリズムを意識します。

「～ですが」「～なので」でつなげる癖がある人は、「～です。そして、～」のように文章を区切って2つに分けると、1文が短くなってリズムがよくなります。

12 読みやすいメールの3大原則

少しの工夫で、メールの読みやすさは大きく変わる

ビジネスメールを読みやすくする3大原則

① 適度に改行して行間をとる

・1行の文字数は20～30文字程度
・1文は50文字以内
・5行以内で行間を1行とる

② 箇条書きをつかう

・同質の情報をまとめ、言い回しをそろえる
・見出しは目立つように記号（●◆■◎など）をつかう

③ 漢字をつかい過ぎない

・漢字が30%、ひらがな（カタカナも含む）が70%

行間と箇条書きがメールの読みやすさにつながる

メールを読みやすくするのに重要な原則の中で見落としがちなのが、行間です。読みやすいメールレイアウトのカギは適切な「行間」と「箇条書き」の利用にあります。信州大学の島田英昭准教授と一般社団法人日本ビジネスメール協会によるメールの理解度を測定した研究（右ページ下のMEMO参照）から、「行間」「箇条書き」がつかわれたメールは、つかっていないメールより読みやすく、わかりやすいことが明らかになっています。

行間がまとまりを演出する

人は、行間（何も書かれていない行）に挟まれているものを1つの意味のあるかたまりだと認識します。挨拶と名乗りをくっつけて書いて、前後に1行の行間をとると、挨拶と名乗りが一体に見えます。このパターンで書かれていると、この部分は熟読せずに流し読みしてよいと判断できます。

読み手が読み飛ばしやすいように情報をまとめるのも、書き手がすべき配慮です。行間がないと意味のまとまりを読み取れません。まとまりが大きすぎると処理に時間をとられます。5行以内で1行の行間をとるようにしましょう。大きく意味が変わる箇所は、行間を2行にするとメリハリがつきます。

記号や罫線があると目が留まる

文章が羅列されているだけの短いメールは、「YES」「NO」の返事で済むなら負担は少ないでしょう。しかし、長文は読みにくいと感じるもの。メールはスクロールをしながら読むものです。

長文になれば、読み飛ばされる可能性が高まります。**読み飛ばしを防ぐためにも、長文メールは見出しや罫線をつかう**ことをオススメしています。

メリハリを付けたければ「━」（罫線）で前後を囲んでもよいでしょう。質問事項の前後に罫線を入れると、質問箇所を明確に示せます。メールマガジンなどのレイアウトも参考になります。多くの工夫がその中に凝縮されています。

MEMO 「けいせん」と入力して変換すると「─」などが出ます。

MEMO メールの行間と箇条書きが主観的理解度に与える影響
http://www.myschedule.jp/jpa2015/search/detail_program/id:780

◆ 読みにくいメール

株式会社○○
◇◇様

文章がつながっていて読みづらい

突然のメールにて失礼いたします。■■■の開発、生産をしております、株式会社アイ・コミュニケーションの平野友朗と申します。このたび、ぜひ弊社の製品をサンプルとして◇◇様におつかいいただけないかと思い、ご連絡いたしました。

ご提案するのは弊社の新製品である「■■■-A」です。
（新製品紹介ページ　http://www.*******.com/new_a.html ）

◇◇様にご使用いただき、品質にご納得いただけるようでしたらぜひ貴社でのお取扱をご検討いただければと思っております。
ご興味がおありであれば、すぐにサンプルの手配をいたします。
お気軽にご連絡ください。ご多用の折恐れ入りますが、ぜひご検討くださいますようお願い申し上げます。

行間もなく、主題がどこにあるのかがわかりづらい

COLUMN　箇条書きは情報が頭に入りやすい

箇条書きは敬語をつかわずに済むため、表現に悩むことが減り、文字量も少なくスラスラ書けます。読み手にとっても読みやすく、わかりやすくなります。箇条書きで書けるものはすべて箇条書きで書き、それ以外を通常の丁寧な文章で書くようにすれば十分です。

◆改善後のメール

株式会社○○
◇◇様

初めてご連絡いたします。
■■■の開発、生産をしております、
株式会社アイ・コミュニケーションの平野友朗と申します。

このたび、ぜひ弊社の製品をサンプルとして
◇◇様におつかいいただけないかと思い、ご連絡いたしました。

ご提案するのは弊社の新製品である「■■■-A」です。
（新製品紹介ページ　http://www.*******.com/new_a.html ）

◇◇様にご使用いただき、品質にご納得いただけるようでしたら
ぜひ貴社でのお取扱をご検討いただければと思っております。

ご興味がおありであれば、すぐにサンプルの手配をいたします。
お気軽にご連絡ください。

ご多用の折恐れ入りますが、ぜひご検討くださいますよう
お願い申し上げます。

改行して行間をとっているので読みやすい
文章のまとまりも、見てすぐにわかる

株式会社アイ・コミュニケーション
代表取締役　平野 友朗（HIRANO Tomoaki）
〒101-0052
東京都千代田区神田小川町 2-1 KIMURA BUILDING 5 階
電話番号　03-5577-3237
ファクス番号　03-5577-3238
メールアドレス　hirano@sc-p.jp
アイ・コミュニケーション　http://sc-p.jp/

---

13 書き始める前に考えておくべきこと

できる人は瞬時に判断している、メールを書く前の重要なこと

6W3Hで情報を整理する

メールは一度読んだだけで理解できるのがベストです。何度も読み返すものではありません。

何を伝えたいのか、自分と相手の関係性は何か、相手のビジネススキルがどのくらいか、といった情報を整理してから書き始めます。

メールの達人は、これらを瞬時に判断しています。慣れるまではいきなり書き始めず、まずは手を止めてじっくり考えましょう。

イベントにきてもらう、会場の変更を伝える、会議の出欠をとる、資料の確認をしてもらう……。このように相手に求める行動が明確になれば、メールに記載すべき情報が見えてきます。

伝えるべき情報を整理するときは、6W3Hのフレームワークをつかうとよいでしょう。

すべてを盛り込む必要はありません。メールの目的によって「何を入れるか」「この情報は必要か」を判断します。

たとえば、会議の招集をかけるなら「営業担当者【誰】は案件報告【なぜ】のため、11月15日（木）15時～16時【いつ】にA会議室【場所】で開催する週次報告会議【何】に出席してください。」といったように、必要な情報を入れます。

MEMO 6W3HについてはP.21を参照してください。

相手に思いをはせる

新入社員と入社3年目の部下の2人に同じ作業を依頼するとき、まったく同じ伝え方で指示を出しますか。社内と社外にメールを送るとき、まったく同じ内容にしますか。これが関係性の問題です。

相手の年齢、学歴、社会経験、社歴、役職、出身地などに配慮した文章を書くはずです。

日本での生活経験が少ない人には「靴を脱いで部屋に入ってください」というのが親切。しかし、日本での生活経験が長い人に同じことをいえば「そんなの当たり前だろう。馬鹿にしているのか！」と怒られてしまいます。相手の理解度を考慮してコミュニケーションをとるべきです。

新入社員にメールで依頼をするときは、事細かな説明が必要です。でも、入社3年目以上の社員であれば「いつも通り」というひとことの指示で済むかもしれません。丁寧なことはよいことですが、丁寧すぎることが効率を落としたり、相手のやる気を削いだりすることにもなります。相手に思いをはせることが、書く前には必要です。

COLUMN 相手のスキルでメールを変える

仕事の進め方が下手な人には、期限をしっかり伝え、その理由も併記したほうがよいでしょう。さらに、期限を越えたらどのような問題が起こるのか。リスクを伝え、期限の重要性の再認識してもらう必要があります。

14 全部載せメールはお腹一杯
必要なことを必要な分だけ

全部説明するメールって本当に親切？

書いても書いても伝わらないのはなぜ？

情報が盛りだくさんのメールを受け取って「知りたいことはどこに書いてあるんだ？」と思ったことはありませんか。読み手の立場で考えると、**情報は多ければよいわけではない**ことを知っています。多すぎると、その中から必要な情報を探さなければならず、かえって負担になります。

一方、書き手の立場としては情報を盛りだくさんにする理由があります。電話であれば、相手の反応を見ながら伝えたいことを小出しにできるし補足説明できるけど、メールはそれができない。互いの効率を考えれば、質問が続くのも避けたいし、何が必要かわからない。それならば、1通のメールにたくさんの情報を書こうという思考に陥ります。これは誤りです。私たちは日々、たくさんメールを送り、受け取ります。読み手の目線を持ちつつ、書き手の懸念を払拭したメールが理想です。メールには、こちらが伝えたいことだけでなく、相手が必要としていることも書きます。不要な情報は書いてはいけません。書いても迷惑になるだけで逆効果になってしまいます。

相手の知りたいことに答えていますか

◆ Q.お客さまからの問い合わせ

10/1（月）開催セミナーの申し込みはまだできますか。
何名まで申し込めますか。

このようにお客さまから問い合わせがきたとします。それに対して次のように返事をしたらどうでしょう。

◆ A.問い合わせに対するダメな回答メール

10/1（月）開催セミナーのお問い合わせありがとうございます。
今回は話題の○○をテーマとした初の試みで多数の申し込みをいただいております。
間もなく定員に達するため、本日受付を終了する予定です。
セミナーにはウェブサイトからお申し込みいただけます。
本セミナーは弊社製品ご利用者のスキルアップ、サービス活用を目的に開催しております。
今後も皆さまのお役に立てるよう定期的に開催してまいります。
弊社の各種製品の詳しい内容は以下のURLからご確認ください。
http://www.*******.com/

お客さまの問い合わせの論点は「現時点でセミナーに申し込めるかどうか」「申し込める場合は何名まで席の空きがあるのか」という2つです。この問い合わせに、答えているようで、答えていません。前者には「YES」「NO」で答えればよいし、後者は可能枠（席数）を答えなければ回答になりません。セミナーの集客状況の報告や開催への決意表明、各種製品の案内は、**書き手が伝えたいことであり、相手が知りたいことではありません**。

このようなメールを受け取った場合、「本日受付を終了するとあるけど、ウェブサイトから申し込めるとあるから、まだ間に合うのだろうか」「人数には触れていないけど、席があるということだろうか」と書かれている情報から読み手は推測します。それが誤解につながる可能性は大でしょう。申し込みのURLはないのに製品のURLはある。知りたいのは申し込みのURLです。調べる手間が発生します。読み手に負担を強いる、困ったメールの典型です。

このようなメールを送った場合、「しっかり回答しているのに、どうして申し込まないんだろう。失礼な人だ」と自分の対応は棚に上げて、怒る人がいるかもしれません。完全にコミュニケーションがずれています。これでは、本末転倒。問い合わせに対してしっかり回答をしたメールを以下に載せました。比べてみてください。

◆A.問い合わせに対してしっかりと回答したメール

問い合わせに対してしっかり回答をしている

10/1（月）開催セミナーのお問い合わせありがとうございます。
まずは、ご質問について回答いたします。

セミナーのお申し込みは可能です。
先着順となっておりますが、まだ10名ほどお席がございます。

お申し込みいただく場合は、こちらのメールにご返信いただくか、
以下のお申し込みフォームからお手続きください。
http://www.*******.com/

今回は話題の○○をテーマとした初の試みで
多数の申し込みをいただいております。
間もなく定員に達するため、お早めにお手続きください。

よろしくお願いいたします。

現在の申し込み状況をわかりやすく伝えている

申し込み方法やURLを載せて、スムーズに申し込みを誘導させる

相手が知りたかった「申し込めるかどうか」「残席数」に的確に答えています。さらに、申し込み方法もわかるし、背中を押すひとこともあります。これによって、コミュニケーションも円滑になり、成果につながるでしょう。

COLUMN メールに複数の用件を書きたい場合

同じ相手に対して複数の用件がありメールを送る場合、1通にまとめるべきか、メールを分けるべきか、迷う人も多いでしょう。そんなときは、相手が処理しやすいのはどちらかを基準に判断しましょう。

複数の重たい用件が並んだメールは読み手をげんなりさせるので、最初から分けたほうがよいでしょう。重たい用件、軽い用件が混在していると、軽いものだけ先に答えて、重たいほうはあと回しにしたり、返信を忘れたりする可能性があります。仕事をスムーズに進めたいなら2通に分けたほうがよいでしょう。すぐに判断できる軽い用件や同時に処理できるものは、1通にまとめたほうが処理はしやすくなります。原則、1メール1用件。たとえば、研修の相談で備品、日程、当日の進行方法などがそれぞれ別のメールで届いたら、非効率だと感じるのではないでしょうか。このような類似した情報もまとめたほうが処理はしやすいでしょう。

複数の用件が書かれているメールが送られてくるのは「相手が配慮できていない」「メールの件数を減らすべきなので1通にすべてをまとめたほうがよいという信念を持っている」など理由はさまざまですが、本人はよかれと思ってしている可能性があります。だから、「メールの処理が遅れてご迷惑をおかけする可能性がありますので、用件ごとにメールを分けていただけますと幸いです」のようにお願いして気付かせるのも手です。

COLUMN メールの返信で、件名を変えるか

メールを返信する際、やたらと件名を変えるのは原則NGです。返信では件名に「Re:」が付きます。受信者は「Re:」の文字を見て、自分が送ったメールへの返信だと判断します。「Re:営業会議資料の印刷部数の確認」とあれば、こちらの問いに対して答えがきたと瞬時に判断が付きます。これが「部数が確定しました」のような件名だと、何の件かわからず伝わらない、誤解する可能性があります。「Re:」が付いているものは返信のメール。付いていないものは新規のメール。このような判断をしている人も多いため、それを阻害しないほうがよいでしょう。「Re:」を削除したり、書き換えたりしたら「勝手に変えないでほしい」「管理しにくくなる！」と相手が腹を立てるかもしれません。

件名を変えてもよいケースもあります。それは、相手からのメールの件名が、明らかに感情的だったり、理解しにくかったりするときです。「大変迷惑しているので担当変更してください」という件名のメールが届き、そのまま「Re:大変迷惑しているので担当変更してください」のように返信したらどうなるでしょう。送信者は感情にまかせてクレームメールを書いた可能性があります。返信メールの件名を見て送信時の怒りが呼び起こされたら、火に油を注ぐことになるでしょう。こうしたケースでは「弊社担当の不手際についてお詫び」のような件名のほうが無難です。

15 漢字だらけの文章は読みづらい

漢字をつかうことがマイナスになることもある

声に出してメールをチェック

私がメールの改善をするときは、「パッと見て読みやすいか」を基準に修正します。この章の冒頭（P.38参照）で説明した改行の話です。

まず、1行は20～30文字程度で改行し、行間を適度に（5行以内で行間を1行）とります。

次に、小さな声で読んでみます。声に出して読んでみると、途中で詰まる、息が続かない、ゆっくり再読してやっと読めるとしたら、文章の手直しが必要です。実際に声に出してメールを読む人は少ないでしょうが、黙読でも読みづらいと感じるのは1文が長いのが主な原因です。1文を50文字以内になるように調整します。

漢字とひらがなの黄金比率

それでもまだ読みにくいと感じるときは、漢字や用語のつかい方に問題があるケースが大半です。

読みやすいといわれている漢字とひらがなの比率は、漢字が30%、ひらがな（カタカナも含む）が70%です。漢字が多すぎると、わかりにくい、難しい、読みにくい印象を与えます。逆に、ひらがなばかりだと、未熟、さらにはわかりにくい、読みにくい印象も与えます。

ある新人研修で「有難う御座います。」と書いた受講生に、漢字をつかった理由を聞いたところ「漢字のほうが賢そうに見えるから」「変換したら出てきたから」といわれました。しかし、読みづらいだけで、賢い印象は受けません。「ありがとうございます。」と書けば十分です。漢字は意味があるときにつかいます。用語のつかい方で自信のないものは辞書で調べるなどして確認しましょう。

◆漢字が多くて読みづらい例

漢字が多い例
有難う御座います。
宜しくお願い致します。

書き換え後
ありがとうございます。
よろしくお願いいたします。

COLUMN ひらがなにしたほうがよい漢字

私はこれまで30冊近い書籍を執筆してきました。編集者といつも議論になるのは、ひらがなをつかうのか、漢字をつかうのかです。その判断のよりどころになるのが『記者ハンドブック』（共同通信社）です。文章表記に関する情報がこれでもかといわんばかりに載っています。記者をはじめ多くの人が、この本を参考に言葉を選んでいるといいます。

メールにも「欲しい」「時」「事」「所」などがよく出てきます。これも、漢字にするか、ひらがなにするかで、賛否が分かれるようです。たとえば「欲しい」については、「見てほしい」のように補助動詞はひらがな、「水が欲しい」のように動詞は漢字で書きます。

形式名詞の場合は「とき」「こと」「ところ」などひらがなで書きます。普通名詞の場合は「時」「事」「所」をつかいます。「もの」も、そのものを指している場合は「物」。「感動的なものだ」のように物体を指していない場合は「もの」をつかいます。「所」も場所を指していないなら「ところ」にします。

このように表記の基準を持っておくと判断が楽になりますし、表記を統一すれば文章全体のバランスがよくなります。

▶ 形式名詞

嫌なことでも、歯を食いしばってやらなくてはいけないときがある。

▶ 普通名詞

大変な事が起こった。決断の時がきた。

16 相手が理解できる言い回しをつかう

読めない、理解できない表現はつかわない

ご査収の意味、わかりますか？

私が社会人になりたての頃（いまから20数年前）、見積もりはファクスで送り、送付状には「ご査収のほど、よろしくお願いいたします。」と書いていました。「ご査収」は「よく調べて受け取ってください」を意味する言葉です。品物を送るときにもつかいます。

メールでも「ご査収ください」という表現をたまに見かけます。見積書・提案書・画像ファイル・セミナーのチラシ……、何にでも「ご査収」が付いていることがあります。ある研修で「みなさんは『ご査収』をどんな意図でつかっていますか？」と聞いたところ声が上がりません。意味を説明したら「え？ そうだったんですか」という声が返ってきました。意味を考えることなく定型文をつかっていると、状況に合っていないメールを送ってしまうかもしれません。

受信者が言葉の意味を知らなければ、送信者の意図を正確に把握できていない可能性があります。先に挙げた研修を境に、私は「ご査収」をつかっていません。年齢を問わず、意味を知らない人がいることを知ったからです。

代わりに見積もりを送るときには別の言葉をつかっています。「ご検討よろしくお願いいたします。」「ご確認をお願いいたします。」これらの言葉で十分なのです。やさしい表現を心がけましょう。

MEMO 英語の略語にも要注意です。英語の略語については、P.55のCOLUMNを参照してください。

相手が読めない言葉は怪しんだほうがよい

読めない漢字は、意味を正確には理解できていない可能性があります。読み間違いを引き起こし、相手に恥をかかせてしまうこともあるのです。送信者からすれば「社会人なんだから、このくらいの漢字が読めなくてどうするんだ」と思うかもしれません。とはいえ、**メールを送る目的は、コミュニケーションをとり仕事を円滑に進めること**です。正しい日本語の知識が身に付いているかを問うことではありません。相手に恥ずかしい思いをさせないか、ここまで考えられると理想です。

読める（わかる）表現がつかわれていることで、受信者はストレスを感じることなく「いつも読みやすい（わかりやすい）メールを送ってくる人」「なんだか気持ちよく仕事ができる人」というポジティブな印象を受けるでしょう。

◆ 読み間違いの多い漢字の一覧

何卒	○ なにとぞ	× なにそつ
更迭	○ こうてつ	× こうそう
踏襲	○ とうしゅう	× ぶしゅう
月極	○ つきぎめ	× げっきょく
相殺	○ そうさい	× そうさつ
当方	○ とうほう	× とうかた
汎用	○ はんよう	× ぼんよう
進捗	○ しんちょく	× しんぽ
間髪をいれず	○ かんはつをいれず	× かんぱつをいれず

「慚愧（ざんき）に堪えません」「遺憾（いかん）です」という言葉も、誰もが理解できる言葉にかえたほうが正しく意図が伝わるのではないでしょうか。難しい言葉をあえてつかって煙に巻こうとしている。そう邪推されたら、それは送信者の問題です。

17 読み手を置いてきぼりにするフレーズを避ける

相手の頭の中の辞書にある言葉をつかう

知っている言葉で理解しようとする

文章に知らない言葉が出てくれば、当然、理解できません。

そのとき、読み手がとる行動は「読み飛ばす」「調べる」「予測する」などのパターンに分かれます。その言葉が重要な意味を持っていれば、読み飛ばすと誤解を招くかもしれません。調べるのが正しい行動ですが、読み手の負担になります。メールで調べることが続くと、「〇〇さんのメールはわかりにくい」「難しい言葉をつかって偉そう」「配慮がない」とマイナスの印象を持たれる可能性があります。

もっとも多いのが予測するパターン。過去の経験から「おそらくこうだろう」と予測して、理解したことにしてしまう。会話でも同じことが起こります。わからない言葉があるたびに質問をしていたら、話が進みません。だから、全体像から情報を推測していくのです。

メールでの予測は難しい

しかし、メールの場合、会話に比べて情報量が少ないので予測には適していません。

このことを体感してもらうために、研修やセミナーでは受講者に次の質問をしています。「タイトルに『CF-SZ6納品日のご連絡』と書いてあったら何の件かわかりますか？」と聞くと、多くの人が何かの型番だと気付きます。ただ、商品名まで予測のつく人は2～3%です。予測がつかない人の多くは「メーカーの人間ではないのでわかりません」と答えます。

「では、『レッツノート納品日のご連絡』だったら、何の件かわかりますか？」と聞くと、ここで用件が正しくわかる人は50%くらいになります。

ビジネスメールは具体的に書くことが大切ですが、型番のように具体的すぎても受信者の頭の中の辞書にない言葉をつかえば伝わりません。具体的な度合も受信者を考慮して調整します。「レッツ」「ノート」という2つの単語から「やる気が出るノート」など別のものを推測する人も少なくありません。この段階で受信者の認識が大きくずれはじめるのです。この場合、型番でも、製品名でもなく「ノートパソコン」という商品カテゴリを書くのが正解です。**相手に確実に伝わる表現**を心がけましょう。

◆知らない言葉が出てきたときに受信者のとる行動パターン

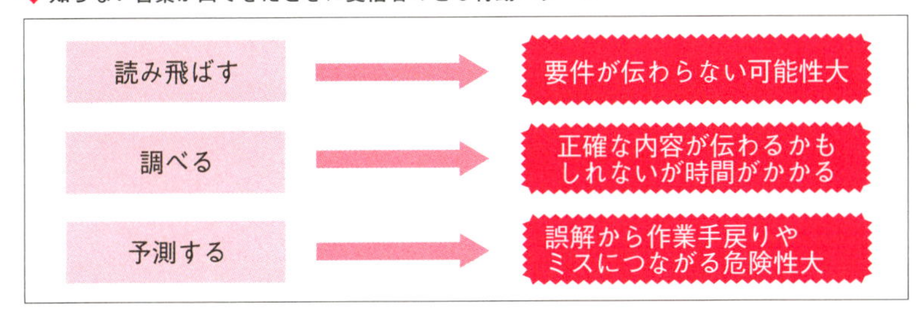

COLUMN 英語の略語も要注意

英文メールでは「FYI」「ASAP」「BTW」など、さまざまな略語がつかわれます。これが企業によっては日本語のメールでもつかわれています。受信者が意味を正しく理解していれば問題はありません。ただ、意味がわからず推測し、それが間違っていたらどうでしょう。意味はそれぞれ、FYI（For your information＝参考までに）、ASAP（As soon as possible＝できるだけ早く）、BTW（By the way＝ところで）です。「できるだけ早く」といわれているのに違う意味で捉えてしまい、返信が2～3日後になった。それはトラブルの種です。

略語や専門用語、業界用語や社内用語は、送信者と受信者の双方が同じ意味で理解できるときのみ使用可能です。相手がわからない可能性がある言葉はつかわない、別の言葉に言い換えたほうがよいでしょう。伝わらないならつかわない。これが誤解なくコミュニケーションをとるために必要なことです。

18 曖昧な言葉はつかわない

解釈の余地を残さないのがメールのポイント

曖昧な言葉が誤解を生む

コミュニケーションがうまくいかない理由の1つに、**期待と行動のずれ**が挙げられます。相手の行動が自分の期待にそわないと誰しもいらだちを覚えます。このとき意識したいのが**自分の期待は相手に正しく伝わっているのか**という点です。

「今週中にメールを送る」と書かれたメールがあります。受信者は「常識的に考えて金曜日の夕方までには連絡がくるだろう」と予測します。でも、金曜日の18時を過ぎてもメールが届かない。仕方がないので会社を後にする。月曜日に出社したら、日曜日に送信されたメールを受け取った。「どうして日曜日なんだ！今週中にといったのに約束を守れないなんて非常識だ」と怒り出す。

でも、送信者は違うことを考えています。「今週中と約束したからには何としてでもメールを送らなければ」と奮起して土日に仕事をする。週末は家族サービスをしたかったけど、ここは会社のために頑張ろう。その結果、日曜日には無事にメールが送れた。約束を守れたことに安堵している。

両者の言い分は、どちらも正しく、どちらも間違っているといえます。この問題の原因は「今週中」という期限を示す3文字の言葉。人は都合のよいように解釈します。急いでいれば「今週中ということは、金曜日の昼までに連絡がくるだろう」と考えます。自分の希望が色濃く反映されるのです。

解釈の幅がある曖昧な言葉は、読み手に都合のよいように解釈されます。この理屈がわかっていれば対策はシンプルです。**曖昧な言葉は明確な言葉に言い換えればよいのです**。

「今週の金曜日の18時までに連絡します」「日曜日に出社する予定なので、日曜日の18時までにメールを送ります」のように期限を明示すれば、相手も都合よく解釈する余地がありません。期限に問題があれば「申し訳ないのですが日曜日だと間に合わないので、金曜日の17時までにご連絡をいただけませんか」と返信して、互いの都合を調整できます。明確な言葉で共通認識を作りましょう。

誰が読んでも同じ解釈になるように

遅延する可能性があるから期限の明言を避け、曖昧に書くのかもしれません。しかし、私の経験上、曖昧な言葉に端を発したトラブルは非常に多く、「今日中」「明日中」「今週末までに」「来週頭に」「来月頭に」などもトラブルにつながる可能性があるので注意が必要です。私は「来月頭に」をつかいそうになったら「来月の第1営業日」のように別の言葉で表現するようにしています。「はやく」「急いで」「多めに」のようなスピードや数量を示すもの、「多分」「できるだけ」「頑張ります」のような感覚的な表現も、曖昧な言葉に含まれます。誰が読んでも同じ解釈になる言葉をつかうことが、誤解を防ぐ近道です。

◆曖昧な言葉一覧

	曖昧な言葉	言い換え
期限	はやく／急いで	11月15日（木）18時までに
時期	月頭に／週末に	11月1日（木）に
数量	多めに／少なく	10個
感覚表現	イメージと異なります	事前に合意したラフと異なります
	なんとなく違います	指示書に記載した内容と違います
	頑張って仕上げます	11月15日（木）までに仕上げます

19 丁寧すぎるメールは違和感を生む

敬語にこだわりすぎない、必要なのはバランス

メールの基本は丁寧語

丁寧に書かれているんだけど、どうも引っかかるものがある。そんなメールがあります。丁寧なつもりでも言葉のつかい方を間違っていたり、表現過剰だったりすると敬意は伝わりません。

敬語は相手との関係性や状況でつかい分けます。仕事の会話やメールでは主に丁寧語（～です・～ます）を用います。丁寧語で書けば失礼には当たりません。

敬語を意識するあまり、おかしな尊敬語や謙譲語をつかうぐらいなら、丁寧語を中心にしっかり文章を書くことに注力すべきです。

尊敬語や謙譲語を混同しない

メールの中でつかうなら、尊敬語や謙譲語を混同しないなど、社会人として正しい敬語の知識も必要です。

鈴木さんは来月のセミナーに伺いますか。

この1文の違和感に気付きますか。「伺う」は「行く」の謙譲語です。行くのは鈴木さんなので「鈴木さんは来月のセミナーにいらっしゃいますか。」とすれば、鈴木さんを立てた表現になります。

MEMO 「いらっしゃる」は「行く」の尊敬語です。

丁寧さが過剰だと読み手に違和感を与えることがあります。

ご多忙のところご連絡を頂戴し御礼申し上げます。
お打ち合わせの日時を調整させていただければと存じますので
ご都合を伺いたく存じます。
候補を複数頂戴できますと幸甚です。
恐れ入りますが何卒よろしくお願い申し上げます。

丁寧で礼儀正しいように見えるけれど、状況に合っていないと感じたり、気持ちが感じられないと思ったりするかもしれません。丁寧であれば失礼になることはないと考えなしに書くと、意図しない評価をされる可能性があります。上記の例も次のように言い換えることができます。

ご連絡ありがとうございます。
お打ち合わせの日時を調整させていただきますので、
ご都合のよい日程を複数お知らせください。
お手数ですが、よろしくお願いいたします。

20 クッション言葉 つかいこなして印象UP

用件だけの冷たいメールと思われないためにすべきこと

クッション言葉はとってもかんたん

用件を正確に伝えているのに、メールがなんだか言葉足らずで堅い、冷たい印象になってしまうことがあります。相手に快く読んでもらえなければ、仕事上のやりとりとしては不適格。

こんなときは**クッション言葉**をつかいます。

「ご回答をお願いいたします。」だと有無をいわせない命令のように感じることもあります。そこで、「大変お手数ですが、ご回答をお願いいたします。」とクッション言葉が付いていると柔らかい印象になります。

よくつかわれるクッション言葉の一覧です。これらをうまくつかい印象をコントロールしましょう。

◆ クッション言葉の一覧

お手数をおかけしますが
恐れ入りますが
大変恐縮ですが
ご面倒をおかけしますが
差し支えなければ
よろしければ
勝手を申し上げますが
ご多忙中とは存じますが
ご足労をおかけして申し訳ございませんが
申し訳ございませんが
残念ですが
せっかくですが

断るときに「お断りいたします。」だとストレートすぎるときは「せっかくのご提案ですが、お断りいたします。」とすると少し柔らかくなります。シチュエーションによってつかい分けましょう。

「丁寧さ」と「くどさ」のはざまに

クッション言葉は、1通につき1～2つで十分です。印象をよくしようと、クッション言葉を多用すると悪目立ちします。

すべての文章にクッション言葉が付いていたらどうですか。

さっそくですが、かんたんな資料を送らせていただきました。
お手数ですが、ご検討いただけますと幸いです。
お忙しいところ誠に恐縮ですが、何卒よろしくお願いいたします。

読みにくいし、くどいでしょう。クッション言葉も多すぎると役割も果たせません。過剰な謙遜は不要です。カットしても印象に影響しないときはカットします。メールの結びの挨拶は、お願いのひとことが入っていれば失礼でもありません。クッション言葉は、結びの挨拶につなげてバランスをとってもよいでしょう。上記の例であれば、次のように修正できます。

かんたんな資料を送らせていただきました。
お手数ですが、ご検討よろしくお願いいたします。

COLUMN　「恐縮」と「お手数ですが」

「恐縮」は、身が縮こまってしまうくらいの申し訳なさを感じたときにつかう言葉です。通常の仕事のやりとりであれば「お手数ですが」で十分です。

21 「思います」で逃げない

断言したくない人が連発する言葉

自分の逃げ道を作っているだけ

政治家のインタビューで多いのが「思います」という言葉。「お詫びしたいと思います」といわれると、思っているだけで本心ではお詫びの気持ちがないのではないかと感じることもあります。なぜなら、「思います」は逃げ道を作るときにもつかわれるからです。

ビジネスメールでは「思います」をつかった逃避に注意しなくてはいけません。「思います」と発言することで、断言はしていないという状態を作り出してしまうのです。

「お値引きはできると思います」とメールに書くのは、相手の期待に応えたいという気持ちを示しつつ、できなかったときのために逃げ道を作っています。これならもしも値引きができなくても嘘は付いていません。上司にかけ合った結果、値引きは一切できないとわかった。お客さまにお詫びをするときは「頑張ったのですが上司を説得できませんでした」となるわけです。でも、お客さまには「できるといっていたのに」と裏切られた印象を持たれます。断言はしていなくても、可能性は高いとほのめかされたように読み取れるからです。

書き手は保身をはかっても、お客さまの印象は決してよくありません。結局、誰のためにもなりません。安易に「思います」で保身に走るなら、つかわないほうがよい。「思います」をつかうのであれば「値引きは難しいと思いますが、上司とかけ合ってみます」と伝えれば、値引きができれば喜ばれ、できなくても「頑張ってくれた」という印象が残ります。「思います」を安易につかうことはリスクを伴います。

「思います」には危険が一杯

「思います」は意見や感情、予想を伝えるのには適しています。

マイナスなことを柔らかく伝えるときにもよいでしょう。「困難です」よりも「困難だと思います」のほうが、事実を受け入れやすくなります。

「できると思います」「お安くなると思います」のように読み手のメリットが前面に出ていると、「思います」を都合よく解釈してしまうので要注意。断言できないから、保身のための「思います」はやめましょう。

COLUMN 「思います」の危ない例

ある不動産会社の依頼で覆面調査員として各店舗に問い合わせをしたときの話です。備考欄に「駐輪場はありますか？」と書いたところ2～3割の店舗は回答しない、もしくは「あると思います」「確かあったはずです」と曖昧な回答でした。これも保身をはかっているのが透けて見えます。曖昧に回答されたら「じゃあ、誰に聞いたら教えてくれるんだ！」と思います。問い合わせている意味がありません。お客さまを激怒させたのでは、保身にはなっていません。調べればわかることは調べて断言する。すぐに調べられないなら「お調べして明日10時までに回答いたします」と連絡をすべきです。

請求関連の問い合わせに、「お支払いしていると思います」「ご請求書はお送りしていると思います」などと答えれば信頼を失います。これらも調べれば済む話です。「思います」をつかいそうになったら注意。断言できることではないかを考えましょう。

◆こんな「思います」には要注意

これで問題はないと思います。
オプションはご利用できると思います。
すでにご請求していると思います。
すでにお支払いしたと思います。
お詫びしたいと思います。

22 「させていただく」は多用しない

つかい勝手のよい言葉だからこその落とし穴

くどい表現を排除する

「させていただく」は魔法の言葉。社会人になりたての頃、そう思いました。敬語は覚えるのが大変だし二重敬語をつかってしまうリスクもあるけれど、「させていただく」は自分の動作に付けるだけで丁寧な印象を与えられるので便利。

「確認させていただく」「連絡させていただく」「発送させていただく」「準備させていただく」「提出させていただく」など例を挙げたら切りがありません。馬鹿の1つ覚えではないですが、こればかりつかっていた記憶があります。

しかし、数年たち、自分の文章がくどいことに気付きました。その原因が「させていただく」だったのです。次の文章を読んでください。

先ほどお配りさせていただいた本日の資料は、修正版を後程発送させていただきます。ご確認いただきましたら、お知らせください。

どうでしょう。正直、くどいという印象を持たれたのではないでしょうか。この**くどさの原因が「させていただく」「いただく」の連続した利用**です。1文に1つしかつかっていなくても、連続するとしつこくなります。「させていただく」に意識がいってしまって、情報が頭に入ってきません。

「許可」を取るべき行動かどうか

そもそも**「させていただく」というのは、許可を取って行い、そのことで恩恵を受けるときにつかうフレーズ**です。

「○○さんにご挨拶させていただいてもよろしいでしょうか。」のように動作の許可を取ることで相手に対する敬意を示します。挨拶をすることで自分のことを知ってもらえる。知ってもらえることで、自分にメリットがある。このようなときにつかいます。

もちろん、条件をどの程度満たすかによって適切な場合と、あまり適切と感じられない場合とがあり、許容度にも個人差があります。ただ、今回の例にある「させていただく」は許可が不要なケースです。必要だから資料を配り、発送しているならなおさらです。この文章を読みやすくするなら、次のように修正してもよいでしょう。

先ほどお配りした本日の資料は、修正版を後程発送させていただきます。

1つにするだけでもシンプルになります。さらに「させていただく」を「いたします」に変更したらどうでしょう。両方とも謙譲語ですが、相手の許可が不要な分だけ「いたします」のほうがつかいやすいのです。

先ほどお配りした本日の資料は、修正版を後程発送いたします。

これでずいぶんとシンプルになりました。「させていただく」は本来の意味でつかうとき以外は「いたします」に変更しましょう。

MEMO 丁寧すぎるメールは違和感を生みます。詳しくは、P.58を参照してください。

23 無駄な言葉をカットしてメールをシンプルに

不要な情報、余計なひとことが事態を複雑にしている

無駄な情報を伝えていないか

言葉を極力削ってシンプルにする。短いメッセージは相手の記憶に残りやすくなります。

無駄な言葉を重ねて不要な情報を伝えることは、相手にとっての迷惑でしかありません。情報が増えると取捨選択が必要となり、判断するのに頭をつかいます。判断ミスの可能性も高まるので、不要な情報は減らすべきです。

結論を伝えるべきところで、延々と経緯を伝えていませんか。上司へのクライアント訪問報告で、到着時の状況から冒頭の雑談まで、事細かに説明し、ようやく先方との話を説明する……。このように時系列で不要な報告をする人はさすがにいないと思うでしょうが、実はこれまでに何人もいました。「自分がどれだけ頑張っているかを知ってほしい」「過密なスケジュールで大変な状況だからこうなっても仕方がないと大目に見てほしい」言い訳をする気持ちが見え隠れしています。

上司が知りたいのは「正しい判断をするための情報」です。この例ならば提案内容への先方の反応などを完結にまとめるべきです。

現状と理由（直接的な事象のみ）、そして対策を端的に伝える。事実と意見が分かれていないと、適切な判断を下せません。

相手が欲しい情報、必要な情報を厳選したメール。これがビジネスで求められるメールです。

1文に潜む無駄な言葉をカットする

余計なひとことが多いといわれたことはありませんか。確認されると「いまからやろうと思っていました」といってしまう。催促されると「私も間に合わないような気がしていたのですが、これからやります」と答えてしまう。お願いするときに「どうしてもってわけじゃないのですが、○○の修正をお願いします」といってしまう。

これらは自らの行為を正当化したいがために出てくる言葉です。しかし、相手からすればただの言い訳にしか聞こえません。言い訳をしても事態は好転せず、逆に信頼を損ないます。

会話は口走ったら取り返しがつきません。でも、メールは送る前に推敲できます。余計なひとことがあったらカットしましょう。カットしても文脈は変わらないだけでなく印象がよくなり、伝わりやすくなります。

「何度もお伝えしていますが、○○をお願いします。」という表現も余計なひとことが含まれてしまっています。「何度も」と苦言を呈することによって相手を非難し自分のストレスを減らしたつもりでも、かえって相手の気分を害し摩擦を生みます。

一時の気分で書いたひとことが仕事にマイナスの影響を与え、人間関係を悪化させることもあります。そうしたひとことは避けましょう。

◆余計な一言

- 何度もお伝えしていますが、○○の修正をお願いします。
- 問題ないこともないのですが、私が対応します。
- お役に立てるかわかりませんが、一度面談の機会をいただけたらと思います。
- よい成果はお約束できませんが、全力で対応いたします。

◆時系列に書かれた意味のわかりにくいメール

平野さん

お疲れ様です。山田です。

> 無駄な情報が多く言い訳をしているように思われる
> この部分は伝えなくても問題ない

昨日は残業があったのですが、なんとか終電で帰りました。
最近体調が優れないことも多く、寝られたのは2時過ぎです。

もちろん仕事は大事ですから、目覚ましもかけています。
その甲斐もあって、今日はいつもよりも10分早く起きました。
そのままの勢いで電車に乗る予定が、忘れ物に気付き、
結局は、いつもより5分遅い時間になりました。

その結果、会社に着くのも遅くなってしまいました。
だから、今日のプレゼン資料の準備が間に合いませんでした。

今日のプレゼンで、お客さまから大目玉を食らいました。
これから私はどのように対応したらよいでしょうか。

大変ご迷惑をおかけし申し訳ございません。

山田太郎

> 重要なのはこの部分なので、ここをもっと詳しく説明しないといけない

▶ Point

- 結論があと回し
- 不要な情報が多い
- 時系列でただ説明しているだけ
- 抽象的な情報を書いている

◆ わかりやすいメール

平野さん

お疲れ様です。山田です。

今日のプレゼン資料の準備が間に合わず、
お客さまにご迷惑をかけてしまいました。

今後の対応について、相談させていただけたらと思います。

●経緯
私の寝坊により、○○社様のプレゼン準備が間に合わなかった。

●お客さまからのご意見
次このようなことがあったら担当を変えてほしい。

私としては、チャンスがいただけるのでしたら
今度こそはしっかりと取り組みたいと考えております。

まずは一度、お客さまへご同行いただけませんでしょうか。
ご返信をお待ちしております。

山田太郎

見出しを追加して
わかりやすく

読み手にどうしてほしいかを伝える1文を
添えることで、行動を起こしやすくなる

▶ Point

・結論が冒頭にある
・必要な情報だけ書かれている
・経緯、意見を分けて説明している
・具体的な情報を書いている

24 違和感に気付けるか？言葉の感覚を磨く

瞬時にメールの改善点を見抜くコツ

習ったあとは慣れるしかない

私たちは日々メールを書き、推敲してから送ります。メールを一発で書き上げるという経験はあまりないはずです。とはいえ、メールをよりよくするのは大事ですが、1通のメールを仕上げるのに10分も20分もかけていたら時間がいくらあっても足りません。改善点を瞬時に見付けられるようになる必要があります。そのカギが「違和感」です。

自分のメールだけではなく、受け取るメールにも意識を向けると、癖や問題に気付けるようになります。自分と他者のメールの差も見えてきます。たくさんのメールに触れることで感覚を養うことができます。

何がおかしいかはわからないけれど、何かおかしい気がする。少しでもおかしいと感じたら、それはメールのチェックが必要なサインです。「お見積金額は108,00,000円です」という1文があったらどうでしょう。カンマの区切り方がおかしいですね。

たくさんのメールに触れていると、こうした数字の誤記にもすばやく気付けるようになります。

COLUMN 活字に慣れると、誤植に気付く

私は読書が趣味で、年間300～400冊くらい読んでいます。普段から活字に触れているので、ちょっとした誤植にも気付きます。新刊を購入すると1割くらい誤植があります。無意識に誤植がないか探しているのでしょう。これも先入観を排除して、違和感には敏感に反応するように心がけているからです（本書に誤植がないことを祈っています）。

よくある違和感の正体

メールでありがちなのは、主語と述語が一致していない文章。「このセミナーの目的は、数多くのテクニックを実践的に学ぶことで、時間短縮を達成することが目的です。」という文章の違和感に気付きますか。

主語と述語だけ抜き出してみましょう。すると「このセミナーの目的は、達成することが目的です。」となり、「目的」が重複しています。片方をカットして「このセミナーの目的は、数多くのテクニックを実践的に学ぶことで、時間短縮を達成することです。」とすれば違和感は解消され、意味が通ります。

「来週の打ち合わせでお話しすることは、製品の特長と導入事例をお話しします。」という文章はどうでしょう。「お話し」が繰り返されています。これも片方をカットして「来週の打ち合わせでお話しすることは、製品の特長と導入事例です。」とすれば、主語と述語が一致します。

見直す際は、主語と述語が一致しているかもチェックしましょう。

文章をブラッシュアップする

意味は通るけれど、不要な語句が違和感を生んでいることもあります。「ご注文いただいた製品の発送に関しては、本日の便で発送しております。」という文章、どのように感じますか。

1文に「発送」が繰り返されているのは調整できそうです。さらに、「に関して」という部分も不要な語句です。口頭であれば気にならないことも、文字にすると目に留まり、回りくどく感じることがあります。ここは「ご注文いただいた製品は、本日の便で発送しております。」としたほうがわかりやすいでしょう。

メールの違和感の正体は、明らかな間違いもあれば、感覚によるものもあります。一概に正解を求めることは難しいですが、違和感を抱けるようになれば改善の精度は高まります。

COLUMN

HTML形式ってつかってよいの？

メールにはテキスト形式とHTML形式があります。「HTML形式はつかってはいけない」という話は、一度くらい聞いたことがあるのではないでしょうか。

そもそもテキスト形式には文字情報しかありません。一方、HTML形式は装飾を施すことができます。文字のフォントサイズを大きくしたり、色を付けたり、文中に画像を表示したり。一見便利そうですが、利用をする際は慎重になってください。

相手がテキスト形式のみで見ていたら、文中に貼り付けたはずの画像は欄外に添付されていますし、赤くした文字もすべて黒くなっています。最低限、装飾表現を強制的に解除したときでも意味が通じるように書きましょう。

以前、不動産会社からきたメールには「オススメの物件はこちら↓」と書いてありました。しかし、その下には何もありません。そこで、HTML形式で再表示したところ、物件の間取り画像が表示されました。相手が変換方法を知っているとは限りません。変なメールを送った人だと思われないためにも、HTML形式の利用には注意しましょう。

昔からメールをつかっている人の中には「HTML形式をつかうな」と教わった人も多いです。私もその世代の1人です。昔は、HTML形式は重たくなるとか、ウイルスを埋め込むことができるなどの問題もありましたが、いまはそこまで騒がれることも減りました。外資系の企業から届くメールは、HTML形式をつかって署名のところにロゴが入っていることも珍しくありません。そういう意味では、以前よりも許容されていると考えて構いません。

それでも、HTML形式でないと伝わらないような装飾表現（例：私の意見は赤文字で書きました　など）はつかわないようにしましょう。あくまでも、メールは言葉で伝えるコミュニケーションです。

第3章

トラブルを未然に防ぐ

メールの10大ミスをなくせばうまくいく

調査から、メールには陥りやすい10のミスがあることが明らかになっています。メールのミスによるトラブルを防止する手段を解説します。

25 宛先の間違いで情報流出！？安全に送るには

ちょっとしたミスが大問題になることも

宛先を間違えると何が起こる？

メールの失敗は、回避策を知っていれば防げます。失敗の内容は、取り返しがつかない大きなものから、「おっちょこちょいだなぁ」と思われるだけの小さなものまでさまざまです。**いちばんやってはいけないのが宛先間違い**。

Aさんに送ろうと思ったメールを間違えてBさんに送ってしまった。誰もが経験しているのではないでしょうか。友だちどうしならひとことお詫びをすれば済むことですが、仕事のメールはどうでしょう。間違えて送った相手が社内なら、かんたんにお詫びをすれば事なきを得るかもしれません。しかし、社外だったら、お詫びだけでは済まされないことも多々あります。

宛先間違いの誤送信とはすなわち情報流出。内容によっては一撃で大ダメージを受けます。マナーだけの問題ではなく、重大事故になりうる問題だということを意識しましょう。社外秘の資料を取引先に送ってしまったり、他社の重要資料を別の会社に送ってしまったりしたら、多くの人を巻き込み会社に多大な損失をもたらします。

C社の機密情報を別の会社のD社に送って、添付した顧客ファイルが流出してしまったなど、いままで多くの宛先ミスメールによる重大な事例を見てきました。

ケアレスミスでも被害が大きい誤送信。こうした失敗を起こさない方法は実にシンプルです。

最後のメールに返信する形で新規作成

久しぶりにメールを送る場合は、過去のメールを必ず検索します。会社名や人名で検索して最後のメールを見付けます。以前のメールに返信する形で新規にメールを作成します。そうすれば、受け取ったメールに返信することでもあるので、メールアドレスの入力ミスやアドレス帳からの選択ミスもありません。もちろん、タイトルは新規の内容にあうように必ず書き換えます。

COLUMN 諸悪の根源はアドレス帳!?

メールを送るとき、メールソフトのアドレス帳から宛先を呼び出している人が多いようです。私はアドレス帳をほとんどつかっていません。強いていえば、社内など頻繁にメールを送る相手のときにアドレス帳をつかうことがあります（厳密にいうとオートコンプリート機能で呼び出しています）。自社の「山田太郎」に送ろうと思ったら「yama」と入力すると「山田太郎（アイ・コミュニケーション）<yamada@sc-p.jp>」のように姓名とメールアドレスが候補として表示されるので、それを選ぶだけ。メールアドレスだけを見ていると選択を誤る可能性がありますが、送信者名まで表示されているので間違えることはありません。名前を見て確認、ドメイン（宛先の@以降）を見て確認。ここまでやれば間違える可能性はほぼゼロ。オートコンプリート機能をつかう場合は、関係のない人が選択肢に出てこないよう、アドレス帳を定期的に整理しましょう。

26 誤字脱字があると印象の悪いメールに

誤字の撲滅は難しい？ チェックのコツ

許されない誤字に注意

言い間違え、書き間違えはビジネスでも日常生活でもよくあること。よくあることですが絶対に避けたい間違いがあります。

もっとも間違えてはならないのが、相手の会社名や名前。名前を間違えることは何よりも失礼。どんなに敬意を払っていても、名前を間違えた瞬間に相手を軽視しているとみなされてしまいます。

そして、**金額や数量、日付などの数字**も間違えてはいけない情報です。金額が一桁違ったら大きなトラブルに発展します。「メールには10万円とあったから発注したのに100万円とはどういうことだ！」とクレームになったとき「常識でわかるじゃないですか？」とは返せません。「ノベルティを300個発注したつもりが30個しか発注していなかった。イベントに間に合わない」といったことは往々にしてあるものです。数字は入念に確認しましょう。

日付と曜日はセットで書く

日付を間違って打ち合わせや納品日がずれる……、想像しただけでも冷や汗もの。勘違いしてアポイントメントをすっぽかしてしまったなんて笑い話にもなりません。

そこでオススメなのが、**日付は曜日とセットで書く**こと。

これだけでトラブルを防げます。10月30日（水）のつもりで誤って10月29日（水）と書いたら、読み手はカレンダーを見ながら「10月29日（火）ですか？それとも10月30日（水）ですか？」と確認できます。10月29日としか書いていなければ、10月30日（水）を指していても相手は間違いに気付けません。

誤字撲滅にはチェックのみ

誤字をなくそうと思ったら、チェックの回数や方法を変えるしかありません。私がつかう確認方法は主に「自分に送信して読む」「印刷して読む」「Wordの校正機能をつかう」「添削してもらう」の4つです。

テキストエディタで作成しているときは気付かない誤字も、自分宛てにメールを送ってみると不思議なくらい目に付きます。

さらに、印刷すると、モニターとは違った視点でチェックできます。私の場合、仕事への影響が大きい、重要なお詫びなどのメールは印刷してチェックしています。お詫びのメールは誤字があるだけでも信頼を失いかねないからです。

Wordの校正機能もオススメです。メール全体は改行が入っているため文脈のチェックは甘くなりますが、単語レベルでの誤字や脱字、表記のチェックができます。語彙に自信がないときは、メールをコピー・アンド・ペーストしてこうした機能をつかうのもよいでしょう。

明らかな間違いはシステムでもチェックできますが、伝わりやすさや微妙な意味合い、印象をチェックしたければ添削してもらうのがいちばんです。人によって目が行く箇所が違います。読みやすさや言い回しなど、気になる箇所や程度は個人差があります。自分では渾身の力を振り絞って作成したメールでも、他者から見たら足りない箇所があったり、意図しない解釈をされたりするかもしれません。広く人目に触れることでメールの精度は高まります。

27 書きかけ送信のうっかりミスを防ぐ

いますぐ設定、かんたんにできる

書きかけでの送信がもたらす印象

書きかけで送信されたメールをいままでに数えきれないほど受け取りました。社内メールなど、気を抜いたときに起こりやすいのかもしれません。

書きかけで送信したら、目の前にあったメールが急になくなるわけですから、書き手はすぐに気付きます。「あ〜〜〜！」と叫んで場合によっては冷や汗をかき、完成したメールを再送する。このパターンが多いのではないでしょうか。

書きかけのメールが届いても「いま、書きかけのメールが届きましたよ」なんていう必要はありません。書き手は気付いているでしょうから、赤恥をかいている相手に追い打ちをかける必要はないのです。数分待ちましょう。お詫びとともに完成したメールが届くはず。届かなければ気付いていない可能性があるので確認を。

「書きかけでのメール送信」は、明らかなケアレスミスとして受信者は許容しやすく、送信者もミスを認識しやすいことから対処が早いため、大きなトラブルにつながることはまず考えられません。本文に「平野」としか書かれていないメールが届いたときは、さすがにビックリしましたが……。

MEMO 書きかけ送信以外に添付ファイルの付け忘れにも注意が必要です。添付ファイルの付け忘れについては、P.80を参照してください。

しくみで書きかけ送信を防ぐ

書きかけで送信してしまうのは、メールとしての条件が整い、完成しているように見えるから。宛先とタイトル、本文の3つに情報が入っていればメールとしての体裁をなしています。裏を返すと、この3つのうち1つでも足りなければ、送れない、送らないようにすればよいのです。

最後に何をするかを決めます。新規に作成するときは、タイトルを最後に書く。メールソフトにもよりますが、タイトルを書き忘れたらアラートが出て情報の不足を知らせてくれます。送信ボタンを押す直前にタイトルを書く癖を付ければ、書きかけでの送信を防げます。

MEMO　もしくは、宛先（メールアドレス）は最後に選択する方法もあります。どんなメールソフトも宛先が空欄だとメールは送れません。住所が書いていない郵便物は届かないのと同じです。

送信取り消し機能を付ける

さらに「送信取り消し」機能を有効にしましょう。OutlookやGmailなどいくつかのメールソフトには「送信取り消し」という機能があります。私のつかっているメールソフトでは、送信後5秒～30秒の決めた時間内であれば送信を取り消せます。送信後に「メールを送信しました。」というメッセージの横に「取り消し」と「メッセージを表示」が表示され「取り消し」をクリックすると送信が取り消されます。

◆送信取り消しの設定画面（Gmail）

◆送信取り消し画面（画面の左下に表示される、Gmail）

28 添付ファイルの付け忘れを防ぐためのルール

あ！と思っても、もう遅い。事前準備で添付漏れを防ぐ

意外とリスクの高い、添付ファイルの付け忘れ

日本ビジネスメール協会が行っているビジネスメール実態調査によると、失敗の第1位に毎年君臨しているのが「添付ファイルの付け忘れ」です。メールをつかっていれば誰しも一度は経験している失敗。

そもそも、どうしてこのようなミスが起こるのでしょう。

メールには、ファイルを添付して送信できるという便利な機能があります。ドラッグ・アンド・ドロップや直接選択するだけで、かんたんにファイルを添付できます。この手軽さがミスの起こる一因です。注意しなくてもできてしまうからこそ、忘れてしまうのです。

メールに慣れていないときは注意深く作業するので、添付ファイルの付け忘れのようなケアレスミスは意外と少ない。こうしたミスは慣れたときに起こりがちです。慣れてくると、早くやろうと気が急ぎ、確認を手抜きして、ファイルの付け忘れに気付かず送信してしまうのです。

添付ファイルの付け忘れは、書きかけでの送信よりも発生率が高いのに、送信者と受信者ともに気付かないため問題が発覚せずトラブルになることもあります。

添付ファイルの付け忘れを防ぐのはもちろんのこと、付け忘れたら互いに気付けるように送るのが、添付ファイルのトラブルを防ぐ道です。

MEMO 添付ファイルはCCやBCCに入れた相手にも届きます。CCやBCCについては、P.138を参照してください。

すぐにできる「添付ファイルの付け忘れ」を防ぐ方法

添付ファイルを付け忘れても、トラブルにならないようにする方法。それは、「付け忘れ自体を防ぐ」「付け忘れたら受信者に気付いてもらいやすくする」の2つに集約されます。

1つ目、添付ファイルを付け忘れないようにするためには、添付する動作のパターンを一定にするのがいちばんです。思い付いたタイミングで添付するから忘れます。**ファイルを添付するのは、メールを書き始める前あるいは書き終わって送信ボタンを押す直前のどちらかにすれば、パターンが一定となりエラーが起こりにくくなります**。システムに頼るのも有効です。メールの本文に「添付」と書いてあるのにファイルが付いていないとアラートが出るシステムなどを活用します。私は、これらをつかって添付ファイルの付け忘れをゼロにしました。

2つ目、メールの本文に「添付します。」と書けば、ファイルが付いていないと「付け忘れたんだな」と気付いてもらえます。添付に関する記載が一切なければ気付けませんし、「お送りします。」とだけ書くと「添付がないからあとで郵送するのだろう」と合理的に判断されます。

◆ メールで送る場合

企画書を添付いたします。

■添付ファイル
teian20190810.pdf

ご確認よろしくお願いいたします。

◆ 郵送で送る場合

企画書を郵送いたします。

遅くても明後日には到着の予定です。
ご確認よろしくお願いいたします。

29 名前間違いは失望につながる

宛名にこそ細心の注意を払うべき

名前が間違っていると読む気が失せる

メールを開封して最初に目に入るのが宛名。細心の注意を払うべき箇所ですが、宛名を間違えたメールを受け取ることがあります。自分の名前ですから、気付かないわけがありません。書き手としては悪気があってしたわけではないので、「気付いてないかも」「このくらいの失敗は大目に見てくれるだろう」と自己弁護したくなりますが、失礼であることには変わりありません。対面で鈴木さんを「佐藤さん」と呼びかけていたらどうでしょうか。失望されるのは想像が付きます。

名前の間違いが評価を下げる、信頼を損なう

ある「菊池」さんと話していたときのことです。「『菊地』と間違えられることはありますか」と聞いたところ「週に何度もありますね。あまりに多すぎて諦めています。でも、間違えている人は注意力がないと思うし、なめられているとしか思えません」といわれました。

名前を間違えられて、根に持っている人、諦めている人などさまざまです。メールを受け取るたびに名前が間違っているのは、気分が悪いもの。それは誰もが共通の思いです。読み手の気持ちを考え、名前に集中すべきです。

MEMO 名前の間違いのほかにも、誤字脱字には要注意。誤字脱字については、P.76を参照してください。

名前を間違えないために

名前を間違えないために、あらかじめどんな間違いが多いのかを知り、イメージしておきましょう。そして、できる限り入力しないようにすること。この2つが重要です。

「わたなべ」さんは漢字にすると「渡辺」「渡邊」「渡邉」「渡部」「渡鍋」「渡那部」など何パターンもあります。ほかにもまだまだあります。こうして書き出してみると、いかに似た漢字があるのか驚く人もいるでしょう。名前の漢字の間違いは、思い込みから起きています。漢字の変換ミスであったとしても、間違いに気付けないのも思い込みがあるからです。思い込みを排除するのは、実は難しいもの。気を付けていても間違えてしまうことがあるのです。

そこで、オススメするのが、初めてメールを送るとき以外、名前は入力しないという方法。受け取ったメールの中にある相手の名乗りや署名などから名前をコピー・アンド・ペーストすれば、間違いありません。

私は新規作成するときも、過去にメールを受け取っていれば検索して直近のメールを見つけ、署名の名前をコピーするようにしています。返信の際は部分引用しているので、本文に表示される相手の送信者名をそのままつかうようにしています。書いてある情報を信頼してもらうためにも、名前は絶対に間違えてはいけません。

◆間違いやすい名字

わたなべ	渡辺、渡邊、渡部、渡邉、渡鍋、渡那部　ほか
きくち	菊地、菊池、木口、喜久地　ほか
さいとう	斉藤、斎藤、齋藤、齊藤、齋籐、西藤、西東　ほか
ふくしま	福島、福嶋、副島、副嶋、福嶌　ほか
こさか	小坂、小阪、古坂、古阪　ほか
ほりぐち	堀口、掘口　ほか

30 言葉づかいの間違いで違和感のあるメール

間違い、思い込みを排除し、規則正しく表記を統一

打ち間違い、思い込みには注意

文章の意味がつかめないわけではないのだけれど「ん？」と引っかかることがあります。代表的なのは打ち間違い、思い込みによる表記の間違い。意味には影響がないけれど、おかしい。気になる。そうした間違いもなくしましょう。

次のような表記の間違いを見かけます。

✕シュミレーション → ○シミュレーション
✕コミニュケーション → ○コミュニケーション

打ち間違えているだけのこともあるので、あえて指摘をすることは少ないですが、間違えていると恥ずかしいもの。こうした言葉は単語登録しておくと間違えることがなくなります。

ちなみに、私の会社は「株式会社アイ・コミュニケーション」ですが、ときどき「株式会社アイ・コミニュケーション」や「株式会社アイ・コミュニケーションズ」と書かれることがあります。「ズ」は入りません。冒頭で宛名が間違っていると、よい気分はしません。

明らかな間違いは正しい表記を知り、徹底的につぶしていきましょう。

MEMO 単語登録については、P.146を参照してください。

表記を統一しよう

1つのメールの中で、送り仮名が統一されていないと違和感を与えます。次の表で示したものがその一例です。どれであっても、伝わるし、表記として存在するものです。しかし、同じメールの中で表記がバラバラだと違和感が生まれ、規則的でないと気持ちが悪いもの。基準を設けてそろえましょう。

◆表記のゆれが生じる例

打ち合わせ／打ち合せ／打合わせ／打合せ
見積もり／見積り
申し込み／申込み
お問い合わせ／お問い合せ／お問合せ

私の会社の場合「お問い合わせ」という表記でウェブサイトもメールも統一しています。もし違う表記をしていたら、つど修正するようにしています。このように基準を持っていると判断が速くなります。

MEMO 「宜しくお願いします」と「よろしくお願いします」なども表記の統一をするべきです。漢字とひらがなの黄金比率があります。黄金比率については、P.50を参照してください。

同音異義語に注意

メールの作成時は、ひらがなで入力して漢字の候補を選択することが多いでしょう。その際、同音異義語には注意してください。「この結果、意外だった」「この結果、以外だった」のようにまったく異なる意味合いになります。

「少しずつ」「少しづつ」も間違いやすいですが、正しくは前者です。日本語入力支援ソフトが誤変換を知らせてくれるケースもありますが、そうでないなら自分で気付くしかありません。こういった、ちょっとした誤表記でガッカリされるのはもったいないです。

31 文章が曖昧で伝達ミスが発生

その書き方では気付かぬうちに失敗を重ねているかも

曖昧さが自己都合の解釈を生む

解釈は読み手次第。メールはそういうコミュニケーションツールです。受け取った人は自分の都合で文脈を判断します。

依頼者が急いでいるようだから「早めに対応します」と返信したところ、30分後に「30分たったのになんでまだ連絡がないんだ」とクレームがきたという話を聞いたことがあります。

相手に悪気はありません。「早めに対応するってことは、30分以内に対応してくれるだろう」と期待したのに、連絡がない。期待を裏切られて腹が立ったわけです。

「こうだろう」という思い込みが強く、それに反すると「約束を守ってくれない」「大事にされていない」「騙された」などと考えてしまう。でも、これは自然なことです。

自分の都合のよいように情報を解釈するのは、受信者と送信者の両方にいえます。「早めに」という言葉は、相手への配慮から出たのかもしれないし、意欲を示したかったのかもしれない。断言できずに曖昧な言葉に逃げたのかもしれない。考えなしにつかったのかもしれません。

いずれにせよ、「早めに」と書いたけれど「30分以内とはいっていない」というのは送信者の都合による解釈です。

曖昧な表現をつかえばコミュニケーションがずれていくのは想像するに難くないでしょう。

つい、つかってしまう曖昧な言葉

コミュニケーションのずれを生まないためには、共通の認識が持てる言葉をつかうのがいちばん。曖昧さを排除して明確な、誰が読んでも理解できる、理解が異ならない表現をつかいます。誤解した相手が悪いと責めても解決にはなりません。誤解させたこちらも、さらに悪いのだと思って言葉選びに気を配りましょう。

代表的な曖昧な言葉には、数量や感覚を表すものがあります。上司が部下に「来週の営業訪問は何件の予定だ？」と聞き、部下は「たくさん回れるように頑張ります」と答えたとします。上司は「たくさん」「頑張る」といっているのだから20件くらい回るのだろうと解釈する。一方、部下は15件くらい回れたら上出来だと思っている。それで、結果が16件だったら、上司は失望し、部下は評価されないことに落胆する。「たくさん」「頑張る」の定義が曖昧だから起こる問題です。「しっかりやります」「きちんとやります」「迅速に対応します」「徹底します」なども具体性に欠ける言葉です。

程度を示す言葉（すごく・ちょうど・だいたい・多い・少ない・高い・低い・広い・狭いなど）も基準がないと主観が入ります。推測を示す（たぶん・～らしい・～だろう）も曖昧な言葉だといえます。

「頑張ります」ではなく「15件訪問します」、「多めに準備してください」ではなく「10人分を準備してください」のように互いの認識が合致する表現をつかいましょう。断言を渋り、数量の明記を避ける人がいます。しかし、トラブル回避の観点から考えると、数字で示せるものは数字で示すことが自分を守ります。

◆ **具体性に欠け、注意したい言葉**

程度を示す言葉	すごく・ちょうど・だいたい・多い・少ない・高い・低い・広い・狭い　など
推測を示す言葉	たぶん・～らしい・～だろう　など

32 文章が長くて頭に入ってこない

長すぎる文章は読みづらいだけではなく誤解の温床

つい、1文が長くなっていませんか

メールを読んでいて疲れる、何がいいたいかわからないと感じたことはありませんか。文章がつながらず、論旨がつかめない。それはたいてい1文が長いから起きる問題です。

1文が長くなるのは「〜ですが、〜なので、〜」とつなげてしまうことが一因です。口頭でも同じことが起きます。とくに「〜ですが」という接続助詞はつかいやすい言葉です。順接と逆説の両方の意味があり、「が」でつなげば延々と文は続きます。会話には間があり、語尾を伸ばすなどすれば適度な区切りがつくので「話が長いな」と思ってもある程度の意味はつかめます。しかし、文章で長い1文を作ると意味をつかみづらく、読み手の負担になります。次の文章を読んでみてください。

弊社は教育研修サービスの提供を主事業としている研修会社でして、独自に開発した専門プログラムと講演経験が豊富な講師陣が強みですが、先日、新プログラムのリリースにともない研修料金50%オフのお試しキャンペーンを行っておりまして2019年3月までに研修を実施すれば割引は何度でもご利用いただけますので、研修をご検討中と伺っておりましたからこの機会をぜひご活用いただきたく一度ご挨拶も兼ねてお打ち合わせさせていただければ幸いです。(204文字)

非常に読みにくい文章です。**長すぎて要点がわからず、情報が頭に入ってきません**。長文になればなるほど、読み間違いや読み飛ばしが発生します。

熟読させない　1文は短く

メールは、忙しい仕事の合間にチェックするものなので熟読されません。熟読しなくても伝わるように、1文は50文字以内で区切ります。短いほうが情報は頭に入ってきやすくなり、理解が促進されるからです。

私はビジネスメールの指導をするときに「ひと目見て読みやすいと思うか」「1文を短くする」の2点を重視しています。ひと目見て読みやすいと思えば、読む気になるものです。

1文が長いと疲れます。理解がしにくい、意図がわからない、読んでいて詰まってしまう……、繰り返すうちにストレスがたまります。そのストレスは内容の理解をはばみ、印象を悪くします。最後までスムーズに、読んでもらうためには、1文を短くして読みやすくする必要があるのです。

1文が長くなるのは接続助詞を多用しているから。よくつかわれるのが「けれど（けれども）」「が」「のに」「ので」「から」「し」などでしょう。1文が50文字を超えている場合は、2つ以上の文に分けられる可能性が高い。接続助詞でつないでいるところを句点で終わりにする。先の例であれば、次のように6つの文に分けられます。先ほどの文章と比較すると情報がすんなり頭に入ってくるのではないでしょうか。

弊社は教育研修サービスの提供を主事業としている研修会社です。
独自に開発した専門プログラムと、講演経験が豊富な講師陣が強みです。
先日、新プログラムのリリースにともない、研修料金50%オフのお試しキャンペーンを行っております。
2019年3月までに研修を実施すれば、割引は何度でもご利用いただけます。
研修をご検討中と伺っておりましたので、この機会をぜひご活用ください。
一度ご挨拶も兼ねて、お打ち合わせさせていただければ幸いです。

接続助詞でつないでいたところを、句点で区切って1文を短くした

33 メールの返信が遅いとギクシャク

返信が遅れると立場が悪くなる、謝罪から始まることの損

返信が遅れるのはなぜ？

ビジネスメール実態調査2018によると、7割の人がメールの返信が遅れてしまうことがあるとわかりました。返信が遅れてしまう理由は「忙しくて時間がない」（50.41%）がもっとも多く、「すぐに結論が出せない」（43.04%）、「意図的にあと回しにした」（36.34%）、「第三者の確認や回答、判断が必要」（21.25%）、「返信が遅れても問題のない用件」（20.19%）、と続きます（右図参照）。

内容を細かく見ていくと、メールのスキルに起因するものではなく、周囲との調整や判断など、仕事力が原因のものが大半でした。メールのスキルを磨くのと同時に、仕事の進め方も変えていく必要があります。

MEMO　ビジネスメール実態調査2018　http://businessmail.or.jp/archives/2018/06/05/8777

返信が遅れてしまうのは仕方がない？

返信が遅れる側の言い分としては「1日（24時間）以内に返信することが求められているのはわかるけれど、事情があって返信が遅れてしまう」というのが大半でしょう。しかし、理由があっても、返信が遅れて損をするのは自分です。

返信が遅れると、メールの冒頭は謝罪から始まります。「返信が遅くなり申し訳ありません。」「ご返信が遅くなり大変恐縮です。」から書き出すことになります。このひとことがあるだけで、形勢が一気に不利になります。

謝罪をすることで負い目が生まれ、パワーバランスが崩れます。謝罪する立場に身をおくことは、自分を不利な状況に追い込むことにもなるのです。返信が遅れた自分が悪いので、どうしても遠慮があり、いいたいことはいえなくなります。対等なコミュニケーションとは程遠く、その姿勢がどれほどコミュニケーションに悪影響を与えるかは想像できるでしょう。

「遅れてしまうのも仕方がない」という考えから抜け出せない限りは、自分で自分の首を絞める状況は続きます。事情を伝えて「そうか、仕方がないね」と理解してもらえたとしても、遅れた、遅いという事実には変わりなく、評価は知らず知らずのうちに下がっていきます。自己の評価を下げない、関係をギクシャクさせないためにも、返信が遅れる理由を一つ一つ潰していきましょう。

◆ 返信が遅れてしまう理由（複数回答可）（2,075人の調査）

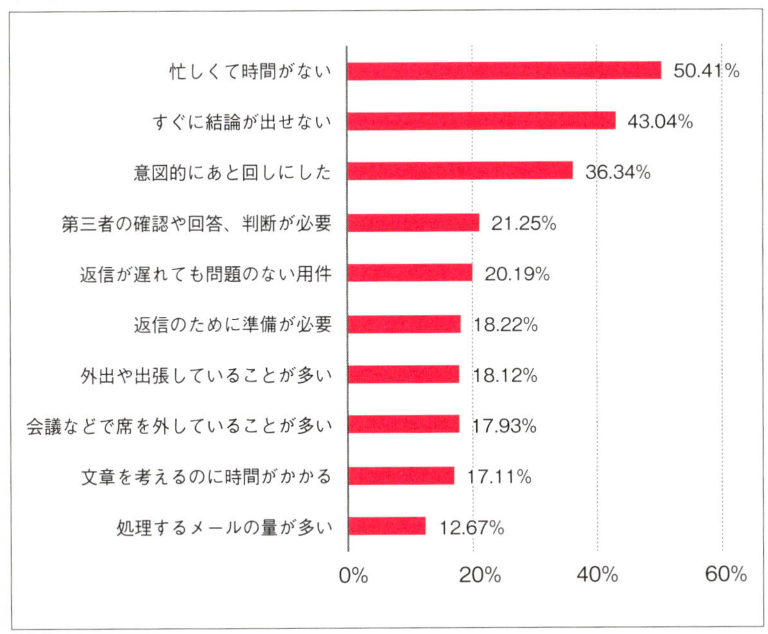

34 返事がもらえないのはタイトルに問題あり

開封されなければ返事はこない！ NGタイトルあるある

タイトルに、名乗りや挨拶だけが書いてある

返事がこないのはタイトルに問題があるかもしれません。タイトルは開封を左右する重要な箇所です。開封されなければ読んでもらえません。読んでもらえなければ返事がこないのも当然です。「タイトルがよくわからない」からあと回しに、開封すらされないという悲劇を生むものには、いくつかのパターンがあります。

まず、代表的なものがタイトルに自分（送信者）の名乗りや挨拶だけを書いているもの。

タイトル　平野です

タイトル　お世話になっております

これらはタイトルの本来の役割を無視しています。用件を表していないのですから。誰からのメールであるかは「送信者名（差出人）」の欄で伝えるので、タイトルで示す必要はありません。

こういうタイトルを毎回付ければ、すべてのメールのタイトルが同じになります。開かなければ用件がわからない。メールを探すのも一苦労です。用件がわからなければあと回しにされるリスクは高まります。開く必要がないと思われ、削除されることもあるでしょう。

タイトルに「(社名)の件」と書いてある

タイトル　アイコミ商事の件

このタイトルを見て、何が書いてあるかを正確に当てることができる人は皆無でしょう。送信者と受信者とアイコミ商事の三者がどのような関係にあるのかによっても想定される内容は多岐にわたります。アイコミ商事に関することを知らせたいことだけはわかります。それが、単なる連絡なのか、相談なのか、報告なのか、依頼なのか、確認なのか。さっぱりわかりません。こうしたタイトルは「あと回しにしてもよい」と自ら発しているかのようです。

タイトルに「資料提出」とだけ書いてある

タイトル　資料提出

このメールの送信者に提出を依頼していた場合、このタイトルを見て資料が提出されたことはわかります。提出方法がメール添付であれば、ファイルを確認することになるでしょう。互いに認識の相違がなければ、こうしたタイトルも許容されます。ただ、こうしたタイトルを毎回付けるとしたら問題です。どの資料を提出されたかわかりません。受信者が一瞬でも不明瞭なメールだと思えば開封はあと回しにされます。過去のメールを探すとき、タイトルが同じだと受信時期から推測してメール開封しなければならず、手間がかかります。タイトルは送信者の語彙と配慮の腕が問われる場所です。一瞬でもわかりづらいと思われたら処理のスピードは落ちます。メール処理の効率を上げるためには、タイトルの付け方が重要であることはいうまでもありません。

COLUMN

メールをつかわない日がやってくるのか？

メールの専門家として活動をしていると、「メールはいつかなくなると思いますか？」「LINEやビジネスチャットのツールに取って代わられると思いますか？」といった質問をたびたび受けます。どうも、メールは古い、いつかなくなる。そんな空気が漂っているようです。

でも、私の答えは「NO」。メールというコミュニケーションツールは、これから5年10年先も確実につかわれていくでしょう。名刺からメールアドレスが消える日が想像できません。メールを利用する頻度が多少低くなっても、ファクスのように残り続けるでしょうし、一定数はメールでのコミュニケーションを切望するはずです。

会社でビジネスチャットの導入が進む一方で、そのツールに慣れていないためコミュニケーションがうまく行かず、かえってコミュニケーションコストがかかってしまう。最終的にはメールに戻る。そういったケースもあるようです。社内での利用は促進できても、社外の人にツールを強いることは難しいでしょう。単純にコミュニケーション手段を一元化することはできません。そのため、いまの主流なコミュニケーション手段である、対面、電話、メールの存在感は消えず、新しいツールとの共存が不可欠と考えられます。

もちろん、社内のコミュニケーションはチャットツールなどに一本化して合理化を図ることもあるでしょう。ただ、懸念となるのが、スタンプを多用したコミュニケーションにストレスを感じる人や、フランクな言い回しに抵抗を覚える人がいることです。スタンプで自分の意図を伝えようとしても、それは受け取る相手次第。ペコリと頭を下げているスタンプを見て「本当に謝る気持ちがあるのか！」と腹を立てる人もいるはず。察してほしいと思ったスタンプがうまく伝わらないというトラブルも起こりそうです。正しく伝えるために、誰にでも伝わる言葉をつかい、推測させないことが重要です。チャットツールをつかう際も、メール作成の文章力が活きてきます。

第4章

ルールを作れば迷いがなくなる

マイルールで効率アップ

メールを効率よくつかうために、自分なりのルールを作りましょう。ルールを作れば、迷うことが減り対応が早くなります。

35 メールは1日に3回チェックで十分

メールに振り回される生活から抜け出そう

いますぐに開封しなければならないほど重要ですか？

モニターの右下に表示されるデスクトップ通知。メールが届くたびに「○○さんからメールが届きました」とタイトルが表示されます。それまで集中して提案書を作っていたのに、メールが気になってしかたがない。「仕事の依頼かなぁ」「もしかしてクレームだったらどうしよう」と思考が巡ります。気になったが最後。メールを読むしかありません。

でも、ちょっと待ってください。**そのメールは、ほかの仕事を放り出してまで、いますぐに開封しなければならないほど、重要なものでしょうか。**

一度メールの業務に取り組んでからもとの業務に戻ると集中力も低下し、もとのペースに戻るのに時間がかかります。それは非効率でしょう。

1分1秒を争うケースはまれ

1分1秒を争う仕事をしているのでしたら、迷わずメールを開封してください。人命に関わるような緊急な連絡や、対応しないと失注してしまうような問い合わせは、最優先でしょう。一括見積もりサイトなどに掲載している場合、対応の早さが明暗を分けます。ほかの会社も我先にと対応するはず。パソコンにかじりついてでも、すばやい対応が求められます。

しかし、それ以外の場合は、いますぐ開封する必要はありません。実は緊急性の高いメールというのは多くありません。

メールのチェックが癖になっている

メールが届いていないか気になり、何度もメールをチェックしてしまう。それは、メールの受信が刺激（報酬）となり、そのちょっとした興奮が忘れられないからかもしれません。だから、何度も受信ボタンを押してしまうのです。サイコロの1を出そうと思って振り続けるのと近いかもしれません。1が出ない、1が出ないと繰り返し、たまに1が出たら嬉しい。

無意味な動作の中にもわずかな刺激があり、それが欲しくて繰り返してしまうのです。繰り返すことで動作が習慣になります。1回あたりはわずかな時間でも、積もれば相当な時間になります。

メールのチェックは1日数回で十分

メールのチェックをし過ぎないためにも、確認する回数を決めましょう。朝出社したとき、夕方オフィスを出るときの2回は最低限必要。前日の夜から当日の朝までに届いたメールの中に、重要なものが含まれているかもしれません。

社内の通達や、お客さまからの緊急な要望。それらを朝一に処理して、仕事を自分のところで止めないように。夕方は、日中にたまったメールをすべて処理。ここで確認しないと、相手を24時間以上待たせてしまうことになります。メールの返事が遅れるとすべてが後手になり、あとでお詫びが必要になったり、仕事ができないという評価を受けたりすることにもなります。

朝、夕以外は業務の隙間時間に3～4回チェックすれば十分でしょう。

会議が始まる前の数分、来客と来客の間の数分、このような隙間時間はいくらでも見つかります。このときに1通ずつ確実に処理すればよいのです。

36 お礼のメールはその日のうちに

やるべきことをルール化しておけば楽になる

お礼メールこそタイミングを逃さないように

社内でも社外でも、**打ち合わせをしたらお礼メール**を送りましょう。時間をとってもらったことへの感謝と、次のアクションを伝えることによってスムーズに仕事を進められます。お礼をいわれて迷惑に思う人はいないはず。しかしながら、お礼メールを送っていないことが誰にでもあるのではないでしょうか。

必要なのにできていないのはなぜでしょう。重要だと思っていない、時間がない、忘れている、原因はいくつか考えられます。お礼のメールもタイミングを逃せば効果は半減します。10日後に届いたら遅すぎると思われるでしょうし、5日後なら、3日後なら、翌日ならどうでしょう。

お礼のメールは原則その日のうちに送る。少し遅い時間の打ち合わせなら翌日の午前中までが妥当なラインです。この時間でメールを送れるように、あらかじめ時間を確保しておくと忘れません。

お礼のメールに書くべき内容とは

お礼メールには感謝の気持ちを書くだけではもったいない。数分であっても貴重な時間を投下して書いています。お礼メールを送って最大限の効力を発揮するためには、内容にも知恵を絞るべきです。

打ち合わせが盛り上がったとしても、互いの認識にずれがあるかもしれません。そのときの雰囲気を過信せず、お礼メールに打ち合わせの議事録を書いて認識のすり合わせをします。打ち合わせで決まったことや次のアクションなどを双方が確認して、相違があれば解消できます。次のアクションを書くことで主導権を握ることもできます。

お礼メールの次に何をするか

お礼メールは、時機を逃さないよう心がけるべきもの。そのタイミグで盛り込める情報を記載します。たとえば、社内で調整の上、後日連絡することは「いつまでに連絡します」という締め切りをお礼メールに記載し、約束通りに対応すると印象がよいです。お礼メールをうまくつかって仕事を前に進めましょう。

どんなに気持ちのこもったお礼メールも、間違いだらけだと効果は激減。「早く送りたい」と気持ちが焦ると失敗しやすくなります。送信前はミスのないよう、いつものようにチェックを忘れずに。打ち合わせした内容の重要な議題や確認事項がメールに入っているか。数字に間違いはないか。基礎的なところを意識しましょう。

◆ お礼メールの書き出しの文例

先日はお忙しいなかお時間をいただきまして、誠にありがとうございます。
このたびは早急にご対応いただき、ありがとうございます。

◆ お礼のメールのポイント

お礼のメールは
翌日の午前中までに

お礼メールに
打ち合わせの議事録を
書いて、認識の
すり合わせをする

後日連絡することは、
締め切りを
お礼メールに記載
して対応

37 メールは夜に送らない

いつでも送れるからこそ、送らないほうがよい、魔の時間帯

夜に送れば迷惑メールになる

メールは時間と場所を選ばずに送れます。思い立ったらすぐにメールを送信。「忘れる前に」と深夜でも送っていませんか。相手が翌朝、出社したら、すぐに見てもらえるように夜中に送っておこう。このような考えもわかりますが、深夜の時間帯の送信はオススメできません。相手は会社のメールをスマートフォンで確認しているかもしれません。メール通知で相手の睡眠を妨げてしまうかもしれませんし、通知をオフにしていても寝る前にメールを確認する習慣のある人には仕事を依頼しているのと同じです。配慮に欠けると感じるのは私だけではないはず。

夜のメール送信はデメリットだらけ

業務時間外にメールを送ることにはリスクがあります。夜は疲れているので集中力が低くなり、ミスが発生しやすい傾向があります。

深夜にメールを送れば、その時間に働いているとも受け取られかねません。労務管理の観点から考えても、深夜のメール処理は「労働時間」と見なされる可能性があるのです。

夜にメールを送っているということは、その時間まで仕事をしている（会社がさせている）と解釈されることもあります。自宅から送っていても、会社に残っていると判断される可能性があります。遅くまで仕事をさせているブラック企業だ、仕事のスキルが低いから夜中まで残業していると思われるのはデメリットでしかありません。

夜がダメなら朝に送るべき

私の会社では、メールの時間短縮やタイムマネジメントの研修を行っています。そのような会社が22時にメールを送ったら、「時間管理の研修をやっているのに時間管理ができていない」「スタッフの管理ができていない」と思われるでしょう。

だからこそ、緊急を要する場合を除いて夜にメールは送りません。9～18時までを仕事の時間と定義しています。業務量が多いときは朝の7時くらいに出社して18時には終わるよう調整します。

7時過ぎにメールを送ることもありますが、「仕事ができない」というよりは「朝が早くて健康的だなぁ」という印象でしょう。

無理な要求を防ぐためにも

変な印象を与えないためにも、深夜のメールは送るべきではありません。では、何時までなら送ってよいのでしょうか。20時まで働いていると相手が知っているなら、その時間まで送っても支障はないでしょう。夜、働いていると思われたくなければ、その時間にメールを送るのは避けたほうがよい。夜まで仕事をしていると知られたら「対応できるだろう」と、その時間に緊急の連絡が入るかもしれません。**仕事を予定通り進めるためにも、メールの時間をコントロール**したいものです。

38 メールの「締め切り」を常に意識する

仕事に必要なのは期限

期限を守って信頼を勝ち取る

「仕事で大切なことは何か。1つだけ教えてください」といわれたら何と答えますか。売上、品質、責任感、社会への貢献、お客さまの笑顔、いろいろな言葉が浮かぶでしょう。私は迷わず「期限」と答えます。

期限を越えることで信頼を失います。いつも遅刻ばかりしている人を信用できるでしょうか。いつもメールの返信が遅い人を信頼できるでしょうか。期限を超えてしまったら、仕事の遅れを取り戻すために時間をつかいます。謝罪をしたり、別の仕事を調整したり、各方面に迷惑をかけるというのは想像するに難くありません。

返信期限を常に守る。**処理の抜け漏れをなくす**。それが信頼を勝ち取ります。特別なことは必要ありません。**メールの返信期限を守るだけで、よい印象を与えることができます**。

返信期限を考えてメールを返信する

返信期限が書かれていれば、その期限を厳守します。

ちょっとした依頼で期限が書かれていなければ、自分で3日以内などと返信期限を設定します。期限が不確かな場合は「○月○日（○曜日）までに対応すればよろしいでしょうか」と確認して「はい。それまでにお願いします」と返信があれば、これを期限として設定します。

期限という名の共通認識を作る

提示した期限に問題があれば「それだと遅いので○月○日（○曜日）までにお願いします」と返信がくるはずです。相手が期限を書いてくることばかりではありません。聞かなくても経験からわかることもあるでしょう。でも、相手の期待が読み取れないときは、こちらから問い合わせて期限の共通認識を作ることが重要です。

デッドラインが見えているか

仕事の依頼の大半は、期限が設定されていません。「○○のご確認をお願いします」のように「あとはあなた次第で任せます」と読み手に委ねたコミュニケーションが多いのです。すると「手が空いたらやろう」とあと回しにして、気付いたら後手になり、遅れた分だけ周囲に迷惑をかけます。

そうならないように、すべての業務にデッドラインを設け、それを守るようにしましょう。デッドラインは締め切りのことですが、より直接的に「超えたら死ぬ」くらい重要なラインだと考えます。

未処理メールの山は、期限を設定しない自分の甘さを具現化したものです。人は期限を決めないと作業として認識しません。いつかやればよい作業は、いつになっても手を付けない。期限を意識すれば仕事が変わり、回り回って自分を救うことになります。

◆ベストな返信期限例

タスク	ベストな返信期限	デッドライン
資料の確認	明日の午前中	明日中
デザインの提出	今週の金曜日	来週の月曜日

39 期限を守れなくても対応次第で挽回できる

返信を忘れた、遅れたときこそ対応が問われる

仕事は締め切りを軸に動いている

言葉にしなくても仕事ではすべての行動に期限があります。出社時間、会議の開始時間、メールの返信期限、書類の提出期限。締め切りを軸に仕事は動いています。期限は大切ですが、一度も破ったことがない人はいないでしょう。

かくいう私も、会社員時代は会社に遅刻したことがあります。電車が遅延して打ち合わせに遅れたこともあります。メールを見逃して返信ができていなかったこともあります。だからしかたがないという話ではなく、そのときの対応こそ真価が問われます。

締め切りは誰でも守れて当然という前提

重要なのは言い訳をしないこと。私は、電車の遅延による5～10分程度の遅刻は自己責任だと思っています。ぎりぎりな状態で行動しているから、ツケが回ってきただけです。「この電車に乗れなかったら遅刻が確定する」といった時間の余裕がない生活をしていれば、不測の事態に対応できないのも当然です。お詫びをして軌道修正をすることも可能ですが、時間も労力もかかります。すべてを効率よく進めようと思ったら、締め切りを重視すべきなのです。

私はこれまで研修やセミナーに1000回以上登壇していますが、一度も遅刻をしていません。遅刻をしたら迷惑をかけ、致命傷となって取り返しのつかない失敗となることがわかっているからです。だから、会場に

は1時間以上前に到着するようにしています。

締め切り遅れに気付いたら即対応

どんなに心がけていても不測の事態は起こります。こんなときは即対応が基本です。

催促されたら、対応漏れに気付いたら、すぐに対応します。「電車が遅れていて」「忙しくて」という言い訳は、相手に敬意を払っていないとアピールしているようなもの。言い訳は損でしかありません。

作業に時間がかかるときも、すぐにお詫びをして対応する旨を伝えます。その際、対応期限を明確にすることも忘れずに。期限を伝えることによって相手には安心してもらえます。重要な用件であれば電話してもよいでしょう。

相手を優遇する

失敗やトラブルが起きたときは警戒レベルを引き上げます。事態を軽視せず、まずは落ち着いて。そして、相手への優先順位を上げ、いつもの倍は確認しましょう。仕事のトラブルは、仕事で挽回するしかありません。挽回するために、誠実に、スピーディに、丁寧に、真剣に取り組むのです。私の場合、問題が発生したら返信の優先順位とスピードを上げ、しばらくは相手の名前をTODOリストに入れておくこともあります。TODOリストを見るたびに、「○○案件は気を付けねば」と注意を喚起されるので身が引き締まります。要注意人物からのメールは、色が変わるように設定してもよいでしょう。注意が向くように、ほどよい緊張のある環境に身を置くのです。

悪いことは続くもの。急いでいて相手の名前を間違え、そのお詫びをした矢先にファイルの添付忘れに気付いたなど、ミスを重ねてしまうことも。焦りが連鎖してトラブルが続くことのないよう冷静に。

40 期限を守れない人への対処法

期限を守れない人には、きちんと催促する

自分の中で期限を決める

こちらが思う通りのタイミングで相手が返信してくれず、仕事がスムーズに進まない。返信がこないのは先方が悪いと思っていませんか。

メールのやりとりがうまくいかないのは、送っている側にも責任の一端はあります。返事がないのは送り方に問題があるかもしれません。「メールを送ったから責任を果たした、あとは相手次第」と相手に委ねすぎたり、メールを送りっぱなしにしたりすると失敗します。**返事がもらいたいなら丸投げにせず、期限を明示したメールを送る、催促する**必要があります。

送るメールすべてに「返信期限」を決めます。「明日中には返事がほしい」「明後日まで待てる」とざっくりで構いません。自分が考えている期限を越えても返信がなければ、すぐに確認（催促）を。返事を求めることは失礼ではありません。むしろビジネスを円滑にするためには必須です。

返信期限があるものは期限を書く

明確な期限があるメールには、すべて期限を書きます。「○月○日（○曜日）までにお返事をいただけると幸いです」のように締め切りを指定します。必要性の高いもの、緊急性の高いものだけ期限を記載しているという人もいるかもしれませんが、それでは相手に余計な確認や判断の手間をかけさせます。

返信期限を考えてメールを送る

先方が期限を守らないとき、ついつい相手に配慮してしまう人も多いでしょう。しかし、配慮されると相手は「○○さんの依頼にはバッファ（余裕）がある」と考えます。期限を設定しているのに、期限を越えて2〜3日後に催促をするのも同様です。「なんだ！ まだ余裕があったのか」と思われます。そのあとは期限を越えても「まだ余裕がありますよね」といわれてしまうかもしれません。ビジネスの場に「甘え」が持ち込まれてしまうのです。そうなると仕事もしづらくなります。

厳格な期限を設定し、その期限を共有する。締め切りを越えたら催促する。その姿勢が大切です。

COLUMN すべてのメールに期限を書く必要はない

手軽な業務にも期限を切ると「そんなことはわかっている。信頼されていない」と思われて、かえって失礼になることがあります。すべてのメールに期限を書く必要はありません。ただ、返事がなかなかこないから催促したら、「急ぎだと思わなかった。手が空いたときにやればよいと思った」などといわれてしまうことがある、そのような相手にはちょっとしたメールにも期限を書くという手もあります。これは上級テクニック。期限をどこまで厳密に書くかは、相手との関係性で判断しましょう。

41 メールのやりとりで「無視した」と思われないために

迷ったらすべてに返信。迷う時間が無駄

TOで受け取ったら返信は必須

「愛の反対は、憎しみではなく無関心」という言葉があるくらい、人は無視されることが嫌いです。メールでも同じことがいえます。

返事をせずに放置しているメールはありませんか。メールの返信は、誠実さや相手への関心も示します。メールを放置している、無視していると思われないようにするためにも、**TOで受け取ったすべてのメールに返信するのが原則**です。

たとえば、社内で「○○の件は私がやっておきますね」と同僚からメールがきたとします。こういった報告のメールにも「お願いします」と返信すべきです。返信しなければ相手はこちらが了承したことを把握できません。質問や報告にかかわらず返信は必要です。複数人がTOで受け取ったときは、例外的に誰が返信すべきか状況に応じて判断します。CCやBCCで受け取ったときは、基本的に返信不要です。

締め切りまでに時間があるとき

「1週間後の火曜日10時までに○○を提出してください」というメールを受け取り、1週間後の締め切りまで返信しないということはありませんか。締め切りを越えてはいませんが、間が空くと放置している、無視していると思われることがあります。

原則に従えば、こうしたメールにも返信は必須です。「メールを受け取りました。締め切りまでに対応します」という了承の旨を伝えます。

「メールが届いているのかな」「対応してもらえるのかな」と送信者が不安を抱けば「メールが届いていますか」と確認されるかもしれません。そうした無駄な一手間をなくします。

メールは最低1往復半と覚えておきましょう。依頼(送信者)→対応(受信者)→確認(送信者)の3工程を経ます。

不要なメールのラリーを終わらせる

メールを終わらせるのは誰か。基本的にメールの返信は、社内なら部下や後輩、社外なら受注側(営業側)など仕事を引き受ける側で終わらせます。

ところが、こちらでメールを終えたつもりが挨拶を重ねてくる人もいます。メールの返信を自分で終わらせるべきという信念があるのでしょう。その場合、原則は無視してこちらが折れます。

不要なメールのラリーが2回連続したら、自分からは返信しない。互いが「自分で終わらせるべきだ」と固執すると、いつまでたっても終わりません。不要なメールを減らすことが効率化につながります。

◆ 不要なメールのラリー

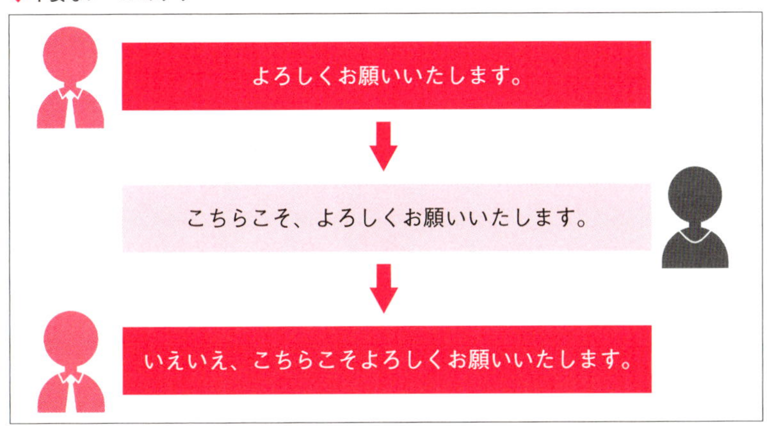

42 メール処理は空いた時間を有効活用

隙間を有効につかうことで、効率が格段にアップする

空いた時間こそメール処理が適している

仕事を一つ一つのブロックの集まりとして考えます。10時から11時までは来客、11時から12時までは会議、このようなイメージです。スケジュール上は11時に終わり、次の予定が11時から始まるように見えるため、隙間はまったくないように感じます。

しかし、実際は来客が遅れたり、会議が少し早く終わったりすることもあります。こうして生まれる隙間で何をしますか。トイレに行ったり、たばこを吸ったり、ネットサーフィンをしたり、ボーッとしたり。「休憩ができてラッキー」と何度も休んでいませんか。

仮に、その休憩が3分だとします。これが1日10回あったら30分です。1日8時間働く場合は、6.25%の時間を浪費していることになります。この**隙間を埋めて仕事の密度を濃くするにはメールの処理が最適**です。

メールにかけている時間を意識する

1通のメールの処理に、どのくらいの時間をかけていますか。目を通すだけでよい通達のメールなら30秒程度。「YES」「NO」の返事で済むメールも30秒程度が妥当でしょう。

仕事で隙間ができたら、未処理メールを1通でも減らすチャンス。空いた時間に向いているのは、すぐに終わる仕事と中断しやすい仕事です。仕事はまとまった時間を要することが多いもの。手短に済ませられるのは、メール処理や掃除、スケジュール確認などに限られてきます。

メルマガは隙間で処理

メールの処理は朝と夕方に集中させる。そのほかは隙間をつかいましょう。朝は1日のスタートであり、集中力も高い貴重な時間。

メルマガや社内行事の案内などは、集中力を要するものではありません。始業時間からそのようなメールを読んでいたら時間が足りなくなります。どうしても朝読みたければ通勤中に読めばよいでしょう。集中力の高い時間帯は、集中力が求められる仕事（メール）に割きます。夕方も1日の締めくくりであり、明日以降の仕事の環境を整える時間帯でもあります。

MEMO　メールは送る時間帯にも注意が必要です。送る時間帯については、P.100を参照してください。

43 退社時には未読・未処理メールをゼロにする

メールの処理を終わらせて、気持ちよく帰ろう

朝と夕方に全力投球

朝と夕方はメール処理のゴールデンタイム。私は、朝出社したら、溜まっているメールを一気に処理します。優先順位は付けません。とにかく片っ端から処理します（その理由はP.114でご説明します）。日中は時間を決めず、仕事の隙間でメールを処理。夕方、会社を出る直前に残っているメールをすべて処理します。退社時は未処理メールがゼロの状態です。これを繰り返すと、その日に届いたメールは夕方までに処理が終わり、退社してから翌日の出社までに届いたメールは昼頃には処理が終わっている計算になります。退社したらメールはチェックしません。

12時間以内の返信で好印象に

ビジネスメール実態調査2018によると、返信がこないと遅いと感じるのは「1日（24時間）以内」（33.97%）がもっとも多く、「2日（48時間）以内」（17.21%）、「1時間以内」（9.53%）と続きます（右図参照）。**多くの人が24時間以内の返信を求めている**ことがわかります。打ち合わせなどがあると「1時間以内」は、さすがに難しいでしょう。

ただ、朝夕に集中して隙間も活かせば、4時間以内には返信ができるのではないでしょうか。ここでいいたいのは、あくまでも業務時間内の話であって、20時に届いたメールを24時までに返信しなくてはいけないということではありません。すべてのメールに4時間程度で返信できれば、遅いとは思われません。早すぎて驚かれるレベルです。

返事をするのに時間がかかるときは

仕事で受け取るメールの中には、調査したり、各方面の関係者と連携したりしなければならず、すぐに返信ができないものも多いでしょう。返事をするのに時間がかかるときは、メールを受け取ったことだけを連絡すれば十分です。一次対応済みの状態にして、あとは締め切りまでに仕上げます。

受領の連絡が届くと、信頼が増して好印象を抱きます。用件に答えていない単なる受領の連絡はかえって相手に迷惑だ、受け取ったことを伝えただけでは現状が変わらないから送らなくてよい、そう考える人もいます。ただし、それはごく少数です。

返事までに間が空くときは受領の連絡を送り、相手から不要だといわれたら送らないようにすれば十分です。

◆いつまでに返信がこないと遅いと感じるか（急ぐ場合を除く）（2,917人の調査）

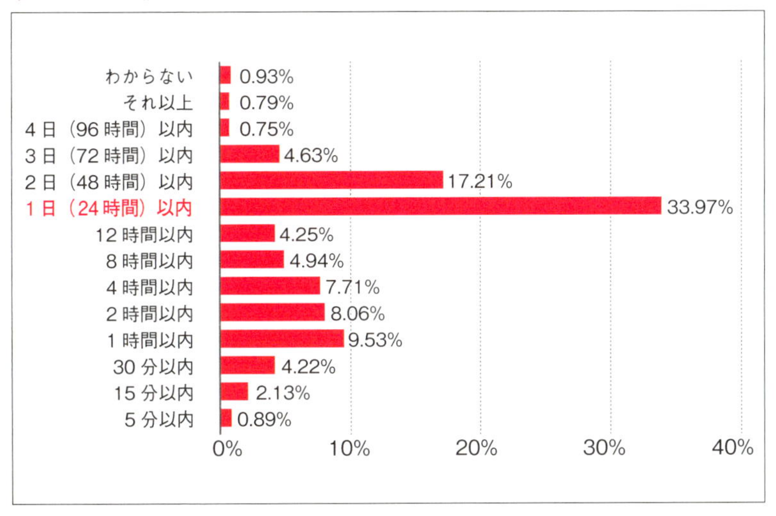

44 考えるな！届いたものから処理！

優先順位を付けるから、時間が足らなくなる

優先順位を付けると疲労する

出社したらまずはパソコンを起動して、メールをチェック。そのような行動パターンの人が多いでしょう。私も同じです。出社時や長時間の離席後にメールを立ち上げると、数十件の未読メールにげんなりとする人もいるでしょう。

メールが多いとき、効率よく処理しようとメールに優先順位を付けていませんか。**実は、優先順位は付けないほうが効率は上がります。**

たとえば、外出から戻ったら30通のメールが届いていたとします。その30件の未処理メールのうち、どれを優先すべきか考えることが意志力を消耗させます。「優先順位がいちばん高いのはこれだ」「それが終わったら、次はどれだ」といちばんのメールを探し続けてしまいます。「どれから処理しよう」と考えることは、優先順位を付けることにも似ています。

人は考えることでパワーを消耗します。だから、夕方になれば注意力が散漫し、疲労するのです。

対象物を減らすことでストレスがなくなる

私は考えることを徹底的に減らしています。**メールは、優先順位を付けずに古いものから順番に処理します。**

どのメールから処理するべきかを考え選択する時間は無駄でしかありません。どうせ処理しなくてはいけないなら、古いメールから順に処理

していけばよいのです。

目の前にある30通のメールも、目を通すだけでよいもの、「YES」か「NO」の返事をすればよいもの、しっかりと考えて書かなくてはいけないものなど、いろいろな種類があるでしょう。

私は、古いメールから順に開封して、目を通すだけでよいものはその場で目を通し、1分以内で処理できるものは即返信。重たそうな（熟読や返信に1分以上かかる）メールはフラグを立てて保留に。この3パターンの処理をします。個人差はあるでしょうが、30通程度なら、30分あれば処理できるはず。フラグの立った保留メールは3～5通くらいに減らせます。あとは仕事の隙間に保留しているメールを処理するだけです。

MEMO Outlookのフラッグや Gmailのスターマークなど、メールソフトによってフラグ機能は名称が異なります。

考えずに取り組む

目の前に作業の対象がたくさんあると、始めの一歩を踏み出すまでに時間がかかります。優先順位を付けずに処理するというのは、目の前の作業を片っ端から片付けていくイメージです。いつやるかと悩む暇はありません。何も考えずに取り組む。実は、これが成功の秘訣です。

◆ 仕分けをしながらできるものから処理する

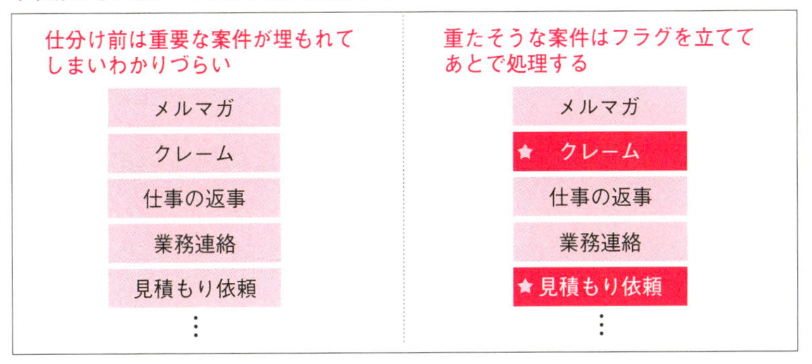

45 メールは削除しない

削除のDeleteキーを何回押しますか？

繰り返しの作業に疑問を持つ

メールを1通処理したら別の業務をやり、しばらくしたら1通処理するというのを繰り返していませんか。ばらばらに処理するよりは、一度に10通くらいまとめて処理したほうが早いのです。業務効率を落とす原因の1つに「繰り返しの作業の分散化」があります。

さらに、繰り返している作業が、そもそも不要なことだったらどうでしょう。私がもっとも不要だと感じるのは「メールの削除」です。

迷惑メールを除き、メールは一切削除しません。私のメールボックスには、過去11年間で約100万通のメールが保管されています。私が発行しているメルマガの購読登録やセミナーの申込を知らせるもの、社内のスタッフや取引先、顧客とのやりとりなど。それらがいまは不要であっても、削除することはありません。

フォームから問い合わせがあると、名前とメールアドレスでメールを検索します。過去に接触していれば、返事でそのことに触れます。

メールは、個人の活動ログであり、顧客との接触履歴であり貴重な情報です。そんなメールを消すなんて、私にはもったいなくてできません。

「メールをいただくのは3年ぶりですよね」「1年前のあのプロジェクトは、その後いかがですか」というように会話が盛り上がるのです。このような履歴を管理していないと、お客さまも「私のことを覚えていないんだ」と不満に思う可能性があります。チャンスを逃さないためにも、過去の接点を大事にしてください。

1年間で60分の無駄が生まれる

メールを削除すべきでない最大の理由は、繰り返している作業の無駄です。1通のメールを削除するのに0.5秒かかるとします。1日に30通を削除すれば15秒。たった15秒ですが、1年間（250日の労働で換算）に62.5分かけてメールを削除していることになります。1時間ずっとDeleteキーを押し続けたい人がいますか。これを上司に指示されたら、軽いパワハラだと感じる人もいるでしょう。時間がかかっているように見えないと、無駄に気付かず続けてしまうのです。

メールを削除するにあたり、削除の可否を判断したり、確認したりする時間もかかるでしょう。そうした時間もなくせると、1年間で60分以上の時間を節約できることはいうまでもありません。

メールボックスのメンテナンスは必要か

メールボックス内の検索がどうも遅い（パソコンの動作が重い）場合は、明らかに不要なメールのみを消すようにします。業務に支障はないメール（メルマガ、通知メールなど）は、その代表です。ただし間違っても、個別のメールは消してはいけません。

メールの保存期間を1年に設定したり、古いメールを外部に保存したりするのも非効率で不要な作業です。古いメールが必要になったとき、その復元に時間がかかります。古いメールが見当たらず、相手に再送してもらうのも迷惑をかけます。プラスになるものはありません。多少コストがかかったとしても、すべてのメールを保管すべきです。

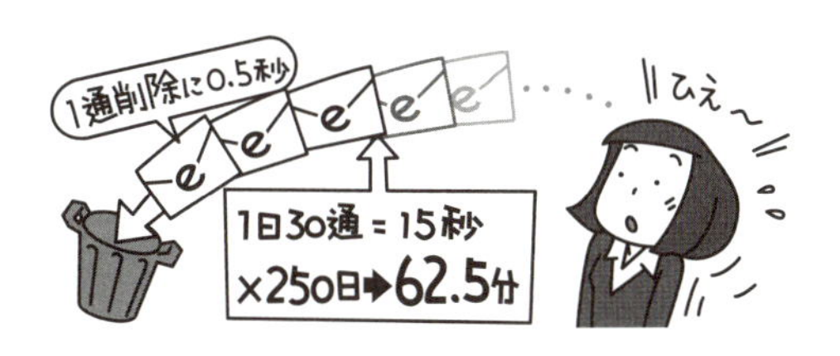

46 メールの振り分けをやめよう

メールの振り分けが必要かを考える

顧客ごとに振り分ける時代は終わった

送信者のメールアドレスで案件や企業、担当者（人）を軸にメールを振り分けるのは、古くからあるテクニックです。X社、Y事務所、山田部長、と人を軸に振り分ければ、誰からメールが届いたのかがひと目でわかり、一見効率的です。しかし、実はこれがメールの非効率の温床となっています。このようなフォルダ分けは管理の手間を生みます。

朝、出社して未処理メールがないか確認するのに、まずはX社のフォルダを開いてメールをチェックし返信、次にY事務所のフォルダ、続いては社内の山田部長のフォルダと行ったり来たりを繰り返す羽目になります。新着メールが届くたびにフォルダを開くのも手間です。この状態を経験し、私が効率化のために行き着いたのが「必要なメールはすべてて受信トレイ、それ以外は各フォルダ」という管理法です。

必要なメールを受信トレイに集中させる

私は「自分にとっての重要度が高いⒶ」と「それ以外Ⓑ」にメールを分けています。Ⓐに含まれるのは、TOで受け取るメール、CCで受け取るメール、問い合わせフォームからの通知メールなどです。

一方、Ⓑに含まれるのは、セミナー申込の通知メール、営業メール、メルマガ、SNSの通知などです。

分類の基準は携わっている業務にもよりますがⒶは「すぐに読むべきメール」、Ⓑは「1日1回まとめて読めばよいメール」と考えると、業務を問わず区別しやすいでしょう。Ⓐのメールはすべて受信トレイで管理して、Ⓑのメールは各フォルダへ自動で振り分けます。

受信トレイだけ見ていればOK

この方法なら、優先的にチェックするのは受信トレイのみ。「すぐに読むべきメール」が受信トレイに入ってきるので、それに集中します。基本的にはメールを古い順に処理しているので、これらのメールの処理が漏れなければ仕事のミスは発生しません。メルマガなど「1日1回まとめて読めばよいメール」は各フォルダに振り分けて、手が空いたときにチェックします。ここは原則1日につき1～2回しか確認しません。

未処理メールゼロの体制を整える

私の会社ではメール処理の役割分担を明確にしています。事業担当者が各サービスに関するメールを処理し、担当外のメールには触れません。責任の所在を明確にすることで、処理の漏れや遅延をなくすしくみを整えています。処理すべきメールが明確で、メールに優先順位を付ける必要はなく、フォルダを選んで開封することもしないので、時間のロスがありません。

近年はメールソフトの検索機能も向上し、人や案件を軸にメールを探すことはかんたんに早くできるようになりました。そのため、メールを振り分ける必要性が低くなっています。

47 メールに頼り切らず電話も足もつかう

メールにかかるトータルの時間を意識する

メールで効率を落とす人たち

誰もがメールに長けているなら、すべてのコミュニケーションはメールをつかうのが効率的。でも実際は、メールが嫌いな人、文章を書くのが苦手な人、ITスキルが低い人、メールを頻繁にチェックする習慣がない人など、さまざまな人がいます。

「メールをつかうのが常識だからメールを毎日チェックしてほしい」と相手に求めることはできません。コミュニケーションは相手ありきなので、自分の常識を押し付けるとうまくいきません。効率を上げたければ、いまある条件の中で解決の道を模索すべきです。

返事が遅い人には、それを予見して対応すればよく、こまめに声をかけて予定通り進めることもできます。

私が対応に手を焼くのは、噛み合わない相手です。メールを送っても思った回答がもらえない。「はい」か「いいえ」で答えてほしいのに、どちらともつかないような回答がくる。質問の回答漏れが頻繁に起こる。

そういったときは**迷わず電話や対面で話す**ようにしています。

メールの返事がこないと、「しっかりした回答がもらえないのでは」「ちゃんと期限を守ってくれるだろうか」と考えることが無駄でありストレスです。ストレスが発生したらすぐさま軽減しないと大きくなり、それが効率を落とす原因にもなります。

メールにこだわらず電話や口頭をつかい分け、問題の芽を早いうちに摘みましょう。

トータルの時間にこだわる

コミュニケーションをとるときにはトータルの時間を意識します。メールだけだとどのくらい時間がかかるか。最初から対面で伝えたらどのくらいの時間で済むか。メールと電話（対面を含む）を併用したらどうか。あらゆるパターンを考えます。

山田さんとは、普段からスムーズにやりとりができているのでメールにしよう。メールは一往復で終わるはずだから、トータルで10分あれば十分。鈴木さんは、ときどき誤解することがあるけど、最近はメールがうまくなってきたので、戻ってきたメールに誤解があったら、すかさず電話でフォローしよう。メールだけで終われば10分くらいだし、フォローするとしても電話で5分くらい話せば十分だろう。吉田さんは、メールが苦手だし読み間違いを頻繁に起こすから、メールを送った後に電話でフォローしよう。メールだけだと、何往復もかかりそうだし誤解もしそうだ。メールだけだと30分以上かかるだろう。初めから電話をかければ20分で済むかな……。

このように、手段と時間を予測して、相手と状況に最適な道を選びます。記録に残り、互いに都合のよいときにつかえるのでメールがベストかというと、そうではありません。最初にかかる時間だけでなく、コミュニケーションが完結するまでにかかるトータルの時間を見積もり、都度、判断できなければならないのです。

◆相手や状況に応じて最適な手段も変わる

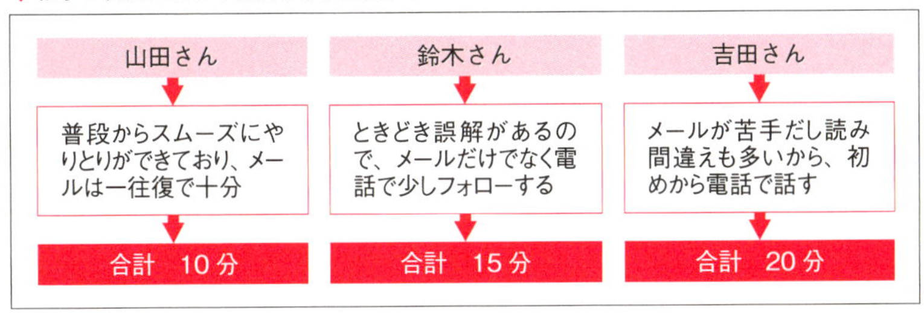

48 メールでうまく伝える自信がないときは口頭で

自分の伝える能力に自信がないときも口頭がオススメ

自分にとって難易度が高いメールを知る

日程の調整、お礼、ちょっとした依頼。これらはすべて難易度が低い用件です。迷わずメールで送るべき。このような用件を毎回、電話で受けたらイラっとくる人もいるはずです。基本的には口頭よりもメールのほうがスピーディに伝えられます。

ただし、中にはなかなかメールにまとめられない難易度の高い用件もあります。

難易度が高いメールとは、クレーム対応・苦言を呈する・断る・複雑な依頼・無理な依頼・イレギュラーな対応などです。心情的に伝えるのが重い、あるいは物事が複雑で順を追って確認しながらではないと伝えづらいものが該当します。

メールを書くのにどうしても手が止まるのは、自分にとって難易度が高いから。2～3分考え込んでも手が進まない。メールの文例集を前に考え込み、インターネットで適当な文例を探すにも正解がわからない。**いくら考えてもメールが書けないときは、それ以上の時間をかけている暇はありません。迷わず電話に切り替えましょう。**

お詫びのメールをどうしようか延々と文面に悩み続けるよりも、対面でお詫びに伺う、電話をいますぐにかけたほうが問題解決にかける時間は圧倒的に短くなり、効果も高いはずです。

MEMO　メールと電話は併用することでも、効果を生みます。併用については、P.124を参照してください。

メールと電話をつかい分ける

メールは相手の反応がわからず、相手の考えや感情は推測するしかありません。内容の解釈は読み手次第です。一方、電話は相手の反応を確認できます。正しく伝わっていなければ補足したり、不快にさせたら即座にお詫びしたりすることで瞬時に解決できます。電話は、相手の反応や理解度を把握しながら情報を小出しに伝えるツールなのです。

しかし、メールはまとめた情報を一気に伝えるツールです。だから、相手の反応を予測して、全体の構成を考え、情報を取捨選択して書かなければなりません。しかも、感情面への配慮も必要なため難易度が高くなります。

ただ、いつでもどこでも手軽につかえる、記録に残るといったメリットがあるため、活用できれば大きな効率化という恩恵を手にできます。

COLUMN　時間があるときは難易度の高いものもメールで

時間に追われているときは、難易度が高いことをメールするべきではありません。手が空いているときこそ難易度が高い用件をメールで伝えることに挑戦して、経験を積むのがオススメです。

49 電話とメールの多重作戦

コミュニケーションの量を増やすことが効果的

あと追い電話が効果を生む

メールと電話は、つかい分けるのみならず、併用もオススメです。電話で話をした内容を要約してメールで送る。これによるメリットが複数あります。

まず、丁寧な印象を与えることができます。「わざわざメールにまとめてくれてありがとうございます。助かりました！」といわれることもあるでしょう。

次に、コミュニケーションの回数が増えるため親近感が増します。単純接触効果という言葉を一度は聞いたことがあるかもしれません。繰り返し接すると好意が増すのです。印象がよくなればコミュニケーションが円滑になり有利な状況が整います。

そして、電話で話したことを文字にしておくことで行き違いを防げます。電話では「14時に伺います」と伝えていたのに、相手は午後4時だと思い違いしていたということもあります。

人名・時間・日付・曜日・金額・場所、これらの情報に間違いがあり、誤解が生じると、トラブルにつながります。電話だと聞き間違えるということもあります。文字にしてメールで互いが客観視することで、そういった誤解の芽を事前に摘めます。

MEMO 併用だけでなく、状況に応じてメールと電話をつかい分けることも重要です。つかい分けについては、P.123を参照してください。

丁寧な対応は時間の無駄？

電話の内容をあらためてメールにまとめるような丁寧な対応が時間の無駄だと考える人がいます。しかしこうした1通のメールを作成するのにかかる時間は5分程度。このメールを送っていなかったら16時の約束だったのに14時に訪問してしまうかもしれません。

2時間待つのか会社に戻るのか。16時から別の約束があったら調整しなければなりません。時間もとられ、迷惑もかけます。こうしたロスを1通のメールで回避できます。

人がする以上、仕事でミスは起こり得ます。このミスをいかに少なく抑えるかがポイントです。言い間違え、聞き間違え、勘違い。トラブルの種は1つや2つではありません。それらが発芽しないように細心の注意を払いしましょう。

難しい内容はあとで補足する

相手に伝わるようにと苦心してメールを作成しても、残念ながら伝わらない、こちらが期待するようには解釈してもらえないことはあります。相手が初めて対応することだったり、苦手としているものだったり、複雑すぎる用件だったりするからです。

伝わるか不安がよぎったら電話で補足をします。丁寧な人だと思われ、不明な点があれば質問されるでしょう。メールの作成に時間がかかるときは、先に電話で話をして、そのあとに内容をまとめたメールを念のために送るという順番でもよいのです。

大切なのは、相手のスムーズな理解を促すこと。文字で伝えるというメールの特徴、相手の反応が瞬時に確認できるという電話の特徴、この両方を踏まえて併用することでコミュニケーションのずれを最小限にとどめることができます。

50 嫌な予感がしたら メールで一報入れる

直感が自分を助けてくれることもある

先回りのメールが自分を救う

仕事は1人で完結できるものばかりではありません。社内や社外の関係者と連携して進めます。ときに「できるかな」「期限に間に合うかな」と不安がよぎることもあります。

経験やスキルが不足している、期限を守れない常習犯であるなどして、事態悪化のとばっちりを食うかもしれない。

そうなると巻き返しをはかるために駆り出され、本来だったら不要な時間をとられ、ほかの仕事にも影響が出ます。個人の問題だと任せていると、迷惑をかけられるかもしれない。そんな虫の知らせがあったら、先手を打ちましょう。**嫌な予感がしたら、メールで一報**入れるのです。

決めつけない、状況を確認する

人は過去の仕事のパターンを記憶していて、類似した事象が起こると予感がします。「いつもは返事をすぐにくれるのに、2日たったが返事がない」「○○さんはここ最近ファイルの見逃しが続いている」というように何か感じるものです。それを解消するポイントは状況を確認することです。

ただ、声のかけ方には注意してください。心配して声をかけても、声のかけ方次第では不満に思わせてしまうことがあります。

「ちゃんとやっていますか」「期限に間に合いますか」と尋ねると、言葉の裏にはちゃんとやっていない（できない）だろう、期限に間に合わないだろうと決めつけているように感じられるからです。そのひとことがかえって事態を悪化させます。目的は仕事を前に進めること。期限を越えることなく円滑に遂行すること。そこに重きを置きます。

「現在の状況をお知らせください」「念のため、進捗について確認させてください」のような確認であれば問題はないでしょう。

事態が悪化する前に手を打つ

期限のない仕事はありません。ただ、実際は期限が明言されない作業が多く、仕事をしていく中で「これはいつまでにやるもの」という暗黙の了解のもとに動いています。期限を口にしない、信頼の上に成り立っています。その暗黙の了解があっても、日々さまざまな業務に追われていると、優先順位は入れ替わります。

私は「大丈夫かな」と懸念を抱いたら、その時点で進捗を確認し、期限の言質をとるようにしています。進捗が見えない抽象的な報告を受けたときは、一声かけるようにしています。

「進捗を教えてください。来週、どのくらい時間を確保したらよいか判断したいので」「私が原稿を確認できるのは今週の金曜日なので、木曜日中にはもらえますか」など、相手の状況を聞きつつ、こちらの事情も伝えます。段取りを付けないと、スケジュール通りには進めません。仕事は二人三脚のようなもので、1人が急いでも、片方が遅れたら前には進めないのです。

足並みをそろえるためにも、早めに声をかけます。直前になると、余裕がなくなり、ますます足は絡まります。期限内に対処できるよう帳尻を合わせるのもかんたんではありません。予測される事態に備え、事態が悪化する前に手を打つ。そのためにメールで一報を入れる。このメールがのちのち活きてきます。

COLUMN

プロがやっている実践的なお礼メール

お礼メールも立派な仕事です。このお礼メールを考えて送るようになってから、仕事の成果につながるようになりました。

イベントやセミナーの参加者に対して、一斉にお礼メールを出す場面があるでしょう。私の場合、セミナー開催の翌日は、参加者へお礼メールを送る時間として1時間程度を確保しています。時間をしっかり確保しておかないと、あと回しになったり、質の低い文章でメールを送ってしまったりする可能性があります。

セミナーは、単体で収益を上げるだけでなく、次の仕事につなげるための布石とも考えています。受講者のアンケートを見ながら、個別にお礼メールを書いています。

以前は、全員へのお礼の気持ちはいっしょなので一斉に送ればよいと思っていました。しかし、一斉送信のメールは相手にも「一斉に送られてきた」という印象を与えます。流し読みされたり、読んでもらえなかったりする可能性が高いのです。メールを送ることを目的にすると、このような弊害が生まれます。

お礼メールを効果的につかう方法は、ずばり「手間をかける」こと。

アンケートを見ながら個別にお礼メールを書くと「あ！ 私のためのメッセージだ」と相手も気付きます。そこからコミュニケーションが始まったり、印象がよくなったり、最終的には別のサービスの利用にもつながったりします。

お礼メールを送ることが目的ではありません。その一歩先を考えて、コミュニケーションをとるべきです。個別にフォローするのは、当然、時間や手間がかかります。ただ、長い目で見ると次の仕事へつながりやすくなるので、意味のある時間の投資だと考えています。

お礼をするのも仕事の一環と考えるなら、おざなりにせず、時間を確保しておきましょう。

第5章

さらに上を目指す！

一歩先の高速メール処理

すばやくメールの処理を行い、より一層の効率化を達成するための技術を解説します。高速にメールを処理することで、仕事の速さも格段に上がります。

51 多い？ 少ない？ メールの見える化

メールの件数は1通でも少ないほうがよい

現状を正しく把握をする

本書のテーマの1つが、メールの処理時間を減らすということです。メールに費やす時間を減らそうと思ったら、「メールの件数を減らす」「1通あたりにかける時間（読む・書く）を減らす」「メールの雑務の時間（検索・整理）を減らす」の3つしかありません。

メールを処理する時間の削減については、本書の至るところでテクニックを紹介していますが、ここでは「メールの件数を減らす」に焦点を絞って解説します。

あなたは毎日、何通のメールを受信し、何通のメールを送信していますか。思い浮かんだ数字をメモしてください。

次に、メールボックスを開いて、ここ1週間で送受信したメールを数えてください。実働5日の場合、5で割った数が1日あたりの数です。送信の合計が50通の人は、毎日10通のメールを書いていることになります。

この数字にたいていの人は驚きます。思っていたよりも実際に送受信しているメールが少ないからです。

これはつまり、**自分が思っているよりも1通当たりのメールに時間をかけている**ということでもあります。

メールを1通減らすだけで、多大な効果があるだろうと推測できます。この数を覚えておいてください。ここから、1通でもメールを減らすには、どうしたらよいのかを突き詰めます。

業務時間の2割はメール処理をしている

送信が毎日10通で、作成には平均10分かかっているとすれば、メールの作成に費やしている時間は100分（＝1時間40分）だとわかります。これだけで1日の業務時間の2割くらいを占めています。

実際にかけている時間を把握することが、メールの業務改善の入り口です。送信しなければ、この時間はゼロになります。メールをつかわない、返信せずに電話や口頭ですべて伝える。それで、コミュニケーションにかける時間が半分に減るならよいかもしれません。

でも、「返事はメールでほしい」「メールで記録に残らないと困る」と相手からメールをつかうことを求められたら、つかわざるを得ません。電話を何度かけてもつながらないこともあるでしょう。つながるまで電話をかけ続ければ、最終的には当初想定していた時間を遥かに越えることが予想されるので、かえって時間がかかります。

◆ 業務時間の2割はメール処理

社内で隣に座っている人からのメールに「承知しました」と返信するなら、一声かけたほうが早いこともあります。メールで1分かかることも声をかけるなら10秒で済みます。もちろん、声をかけるのは相手の迷惑にならないときに限ります。電話をかけている、忙しくしているときに声をかけたら組織の生産性が落ちるでしょう。

読みやすくわかりやすいメールを書く、質問に先回りして答えることも結果的に送信数を減らすことにつながります。質問がこなければやりとりは少なく済み、送るメールは減ります。相手への気づかいは、必ず自分に戻ってきます。

52 読まないメールは解除する

受信メールが減れば効率が上がる

受信メールの種類を確認

受信メールを減らすには、どうしたらよいでしょうか。メールアドレスを教えなければよいのですが、そういうわけにはいきません。メールボックスをよく見てください。不要なメールを受け取っていませんか。

まずは、受け取っているメールを「不要」「要検討」「必要」の3種類に分類してみましょう。

◆受信メールの種類

種類	内容
不要	迷惑メール・読んでいないメルマガ　など
要検討	一方的な営業メール・たまに読むメルマガ・メーリングリスト・業務に関係のない社内メール・CCなどの共有メール　など
必要	TOで受信している社内メール・お客さまとのメール　など

読んでいない、仕事に役立っていないメルマガは即解除。インターネットで調べればわかるような情報は、あえてメルマガを購読しなくてもよく、必要なときに検索すればよいのです。

未読のメルマガが何十件、何百件と残っていたら要注意。見て見ぬふりをしていませんか。未読のメールは視界に入るたびに、あなたにストレスを与えています。

MEMO　メールは、TOやCC、BCCで受け取ります。それぞれの違いについては、P.138を参照してください。

知り合いのメールは受信拒否がしづらい

困るのは、名刺交換した相手から届く営業メール。いきなり届いて困惑したことはありませんか。個人で送っているメールはシステムで解除できないものが大半です。そうなると、送信者に「配信を止めてください」と伝えなくてはいけません。

勇気を出して受信拒否の意思表示を

角が立ちそうでいいにくくても、勇気を出して受信拒否のひとことを伝えましょう。「業務と関係のないメールを受け取るのがNGなので、ストップしてもらえますか」「共有アドレスのためほかのメンバーにも届いてしまうので、配信をストップしてもらえますか」などと、理由を伝えれば理解されるでしょう。

相手に迷惑をかけていることを知っているのに送り続けるような、失礼な人は少ないはず。いわずに我慢したら効率は落ちるだけ。受信者のイライラも増すばかりです。会社のメールボックスの汚染を最小限にできるのは自分しかいません。

COLUMN 送り主のわからない営業メールの場合

一方的に届く営業メールの中には、送り主のわからないものもあります。そうした迷惑メールをメールに記載された手順で解除すると、メールアドレスがさらに拡散する可能性があります。そんなときは、仕分け設定で迷惑メール（ゴミ箱）へ直行させます。いつも同じメールアドレスから届くなら、メールアドレスで仕分けをします。メールアドレスが一定ではないならタイトルに注目。特定のキーワードがあればタイトルで仕分けします。仕分けるときに既読にして振り分けます。そうすると、受信○件と表示されることがないので視界に入りません。受信しているけれど、受信したことが認識されない状態になります。

53 不要なCCメールと戦う

CCを制すれば効率化は進む

送信者にとっては必要、受信者には不要なCC

見逃せないのがCCでの共有メールです。送信者は共有が必要だと思ってCCに入れても、受信者からすれば「このメールは私に関係がない」「なぜCCに入っているんだろう」と思われてしまうことがあります。

不要なメールをばらまかないのは送信者の役目なので、メールを送るときは、このCCでの共有は必要かと自問しましょう。それでも、受信者にとって不要なCCになってしまうことがあるのがメールのジレンマです。

送信者と受信者は異なる者どうし。価値観やメールの考え方に相違があるのはしかたがないともいえます。相手に委ねるとうまくいかないのは、ここでも同じことがいえます。

受信メールを減らすために

受信するメールを減らしたければ、不要と判断できるCCでのメールは送らないよう、関係者にお願いするしかありません。

相手は必要だからCCに入れているのに、それを入れないでほしいと伝えるなんて、到底できない。ハードルが高すぎる。そう思う人は多いでしょう。しかし送らないでほしいと伝えることは、自分だけでなく相手のためにもなります。要は伝え方です。

読まれなければ共有できていないも同然

企業の業務改善コンサルティングに携わると、CCが全体のメールの半数以上を占めていることも珍しくありません。しかも「まったく読んでいない」という声も聞きます。CCに入れることは保身で何かあったときに、「私はメールで伝えています」と言い訳をしたいだけということも多いのです。不要なメールを減らすことは組織全体で考えるべきことでもあります。

私の会社では、CCに入れる、入れないの判断基準（私の希望）をスタッフにあらかじめ伝えています。CCに入っていて「これは不要」と判断したら、外してほしいとすぐに伝えます。CCが不要だと伝えるのは勇気がいるかもしれませんが、1通でも減らすことにこだわらないと時間がいくらあっても足りません。

取材の依頼をメールで受け取ることがよくあります。会社の広報担当が窓口となり、取材日時の調整、取材内容の確認などを10往復くらいやりとりします。そのメールのCCに私が入ると20通くらいメールは増えます。受け取るからには目を通さなければなりません。でも、私が知りたいのは決定事項だけ。

だから、「取材の詳細が決まったら、その旨を報告してくれればよい。調整のメールはCCに入れなくてよい」と意思表示しています。そうして、受信メールを減らす努力をしています。

54 必要だけど読まなくてよいメールの既読スルー術

解除できないメールに邪魔されない方法

検索用にすべてのメールを残しておく

私は仕事柄、お客さまのメルマガを100種類以上購読しています。さらに、自社システムやFacebook、Twitterからの通知など多数のメールが日々送られてきます。

メルマガや通知メールは解除できるものもありますが、実は、闇雲に解除するのは考えものです。ビジネスパーソンにとってメールは第2の脳だからです。見知らぬ相手からメールが届いたとき、メールボックスに残しておいたFacebookページの通知結果を検索すれば、すぐに「2018年5月30日にセミナーの感想をくれた方だ！」と気付き、コミュニケーションの材料になるのです。覚えていないことも、メールがあれば容易に思い出せる。このような**メールの履歴は財産**です。

既読スルーでメールの資産管理

ただし、機械的に送られてくる、その時点では必要性のない、メールのすべてに目を通すわけにはいきません。そこでオススメするのが「既読スルー」です。

メールの仕分けルール（振り分け設定）機能をつかうと、ある条件に合ったメールに特定の処理を施せます。これでメルマガは即既読、SNS通知は重要なもの以外を即既読といったことが全自動でできます。資産としてメールを残しつつ、集中力も維持できます。

解除できないメルマガも既読スルー

仕事の付き合いで解除できないメルマガも、既読スルーのテクニックがつかえます。自分が送っているメルマガを誰が解除したか細かくチェックしている人もいて、解除したら角が立つこともあります。そのようなときは、届くメルマガを既読にしてメルマガフォルダに振り分けられるようにすれば、メルマガが視界に入ることはなく、フォルダ名が太字になって未読だと目立つこともありません。面談の直前に、ここ数回のメルマガを読めば話を合わせることもできるでしょう。

社内のメールにも目を向けます。必要ないのに届く他部署の情報共有メールは、もはやスパムメールの域です。このような場合も既読にして、特定のフォルダに入れておけばよいのです。「未読のままでもよいじゃないか」という意見には大反対です。

メールボックスに未読メールが1,000件、2,000件とあったら要注意。未読でも気にならないのは問題です。普段から整理整頓する癖を付けないといけません。

未処理メールをゼロにして帰るためにも、不要なメールも普段から既読にするようにしましょう。受信トレイをゼロにしたほうが気持ちよいと思えたら改善の兆しです。メールアドレスだけで振り分けないのがポイントです。

「既読スルー」は「仕分け設定でゴミ箱へ直行」とも似ていますが、**メールが消えないので、必要になったらいつでも検索できる点が安心**です。

COLUMN メールの色を変える

特定のメールアドレスからメールが届いたら「メールを赤くする」のような設定もできます（設定方法や内容はメールソフトにより異なります）。最近トラブルが続いているお客さまからのメールをケアするために、見逃すことがないよう色を変えるのは有効でしょう。

55 意外と知らない TO・CC・BCCの正しい役割

TO、CC、BCCの違いを知って誤用を防ぐ

TO・CC・BCC の違いとは？

メールの宛先には、TO・CC・BCCの3種類があります。どこにメールアドレスを指定してもメールは送れますが、それぞれ用途、意味が異なります。

◆ 3種類の宛先の違い

TO	「あなたに送っています」の意思表示。処理や作業をしてほしい人をTOに入れます。
CC	「TO（宛先）の人に送ったので念のため見てくださいね」という意味。参考・情報共有につかいます。TOの人が主たる処理者のため、CCの人は原則、返信をしません。
BCC	ほかの受信者にアドレスが見えないように連絡する場合に利用。BCCの受信者は、ほかの受信者に表示されません。一斉送信の際に用いられることもあります。

ビジネスメールの教科書（https://business-mail.jp/）より抜粋

返事をもらいたい人を TO に指定

TOは、「あなたがメインの受信者です」「あなたが返事をしてください」というニュアンスで利用します。もっとも基本的な宛先です。

返事がもらいたい相手を、原則1名指定します。こうすれば、誰が返事をするかは確実です。ただし、仕事では、TOに複数名入れることもあります。

TOに複数名を入れるときの注意点

TOに複数名が指定されていると、誰が対応するべきか判断に困るケースがあります。

そのときは、「Aさんは○○を対応してください。Bさんは××を対応してください」と文中に指示を書くか、「2人で話し合って対応してください」と依頼したほうがよいです。このひとことがないと「もう1人の人がやってくれるはずだ」と都合よく解釈し、結局は誰も対応しないという事態を招くことがあります。

共有したい人をCCに入れる

CCは、TOの人に送ったことを「念のため共有します」というニュアンスです。「返事は不要だけど読んでください」というメッセージがあります。だから、返事がほしければTOで送ります。

CCで受け取った人は軽く目を通す役割なので、返事は求められません。メールを読む責任はあります。しかし、CCで受け取るメールは「読んでいない」「読まなくても困らない」という声があとを絶たないのはなぜでしょう。

1つの理由に「自分は読む必要がない」と思い込んでいることが挙げられます。本文に自分の名前がないから無視をした。これは自然な反応です。それを防ぐためにも、メールの宛名部分でTOの下に「(CC：平野様)」のように書き、誰と共有しているのかがわかるようにしましょう。これによって、自分も読むべきだと認識するようになります。

ちなみに、複数名をCCに入れる場合は、役職順に並べます。その順番がわかりにくいときは「(CC：関係者各位)」のようにまとめても構いません。

共有者がいるとアピールすることが、気付いてもらう第一歩です。

56 CCとBCCのリスク満載なNGケース

「とりあえず」で共有しない

CCは入れないよりは入れたほうがよい!?

共有すべきか迷ったら、とりあえずCCに追加している。保身のためにCCに追加してしまう。そんなことはありませんか。

これを止めない限り、メールの件数は増える一方です。「とりあえずCC」という考えをあらためなければ、メールの効率化は中途半端に終わります。

CCに入れている側の心情を察すれば、CCに入れず怒られたことがあるのかもしれません。CCに入れなくてもよいかもと思いつつ、CCに入れて怒られることは少ないので入れておこう。そのような考えがあるかもしれません。

でも、それは送信者の都合であり、受信者のことを無視しています。CCを入れるべきか、しっかり考えて入れるようにしましょう。

BCCの受信者は表に見えない

BCCは、TOとCCとBCCの受信者にメールアドレスを隠してメールを送れる機能です。BCCで受信している人がいても、TOとCCの人には見えません。もちろん、BCCのほかの受信者にもメールアドレスは見えません。

BCCは、年末年始の挨拶など、一斉送信でつかうことがあります。取引先にわからないよう上司と共有したいとき、TOに取引先を入れて、BCCに上司を入れて送ることもあります。

BCCはトラブルのもと

上司には事前に伝えている、BCCのルールを互いに理解しているとき以外、この送り方は推奨しません。

上司がBCCで受け取った意図がわからず困惑し、メールに疎ければ「全員に返信ボタン」を押して「このメールは何だ？」と聞いてくるかもしれません。BCCの人が「全員に返信ボタン」を押せばTOやCCでの受信者にもメールが届きます。これはリスクです。

BCCの誤送信をなくす方法

BCCをつかった送信は誤送信の温床なので、プロとしては利用をすすめません。BCCをつかうべきところをCCで送ってしまい情報（メールアドレス）が漏えいしたという話は日々聞こえてきます。

解決策は、一斉配信システムなどのASPサービスを利用するか、1通ごとに送ること。BCCをつかった一斉送信だと、相手の名前を本文に書けず一括りにしていることがあからさまで、感じのよい個別メールとは対極です。一斉に送る相手が10名程度なら、個々にメールを書いてもさほど時間は変わりません。リマインドやお礼のメールは名前が入っていたほうが印象はよく、その影響は大きいので、多少の手間をかけてもやるべきでしょう。

57 メールを転送するときは「なぜ」を書く

そのままメールを転送するのはマナー違反

何も書かずに、そのまま転送はだめ

メールには本文をそのまま転送できるという便利な機能があります。転送メールのタイトルには「Fwd:」などが自動的に付き、受信者はこれを見て転送メールだと気付きます。転送であれば「あとで読もう」「軽く目を通そう」と、次に取るべき行動をある程度はわかるでしょうが、この「ある程度」というのがトラブルの種です。

10通転送して1通でも処理の間違いがあれば、取り戻すために時間を費やします。お詫びのメールを送ったり、電話をかけたり。社内の連携がとれていないと苦言を呈されるかもしれません。

メール転送２つの目的

メールの転送には、「依頼」と「共有」の2種類の目的があります。この目的が転送メールを受け取った人に伝わらないと、処理の間違いが起きます。メールを受け取った人が、対応を依頼するため該当者へ転送する。内容が参考になると思い、共有のために転送する。単純に面白かったという理由だけで転送するかもしれません。

理由はともあれ、転送するメールの本文に意図を書かなければ、受け取った人は対応のしようがなく、誤解する可能性があります。

意図を明確にし、ボタンの掛け違いを防ぐ

Aさんがお客さまからの問い合わせメールに回答したとします。「こういう問い合わせもあるから参考までに共有します」という意図がありながらも、何も書かずにお客さまからのメールをBさんに転送したら。

受け取ったBさんはメールを読んで「Aさんの代わりに回答してってことかな」と解釈し、お客さまに返答したとしたら。お客さまからすると二重回答です。AさんとBさんの回答がまったく同じなら、さほどの問題にはならないかもしれませんが、多少なりとも異なっていたら信頼を失います。そこから問題が起きるかもしれないことは想像できます。

意図を明確に必ず記載しましょう。たった数行です。時間に換算しても、書くのにかかるのは30秒から1分程度。それだけで、解釈のずれや誤解を防ぐことができます。

何も書かず転送すると雑な印象を与えます。手抜きしているようにも感じられます。意図を書くことで、必要なメールを送っていることを伝え、相手によい印象を与えます。

◆転送メールの例文（情報共有）

山田さん

お疲れ様です。平野です。

参考になりそうな情報があったのでメールを転送します。

ご確認ください。

平野友朗

◆転送メールの例文（処理の依頼）

山田さん

お疲れ様です。平野です。

お客さまからの依頼メールを転送します。

ご対応よろしくお願いいたします。

平野友朗

58 メールの処理速度は入力速度次第

入力速度を上げれば、効率も上がる

「入力する」速度を上げよう

メールを書くのに時間がかかるなら、プロセスを細かく考えてください。新規でメールを書く場合、大きく分けて「考える」「入力する」の2つのプロセスに分解できます。

本書で方法論を学び、日々業務の中で実践していけば、メールを書く時間は早くなるはずです。本書の通りにやっているのになかなかメールが早くならないという人は、実は「文字入力」に課題があるのかもしれません。

タイピングの基本的な能力はそのままメールの作成速度に直結します。思考と同時に入力速度にもこだわるべきです。人差し指で次の文字を探しながら入力する。これだと1通書くのに10分、20分はかかるでしょう。

キータッチの速度を把握する

まずは自分の入力速度を把握しましょう。メール作成から思考時間を抜いたものが、入力時間です。

完成したメールを印刷して横に置き、それと同様の文字をメールソフトに入力します。この時間が入力時間です。

思ったよりも時間がかかったという人が多いでしょう。ここを早くできればメールはさらに早くなります。

パソコンの機能を活用する

ここから速度を向上させるには、キー配列を覚えてタッチタイピングの技を磨く、少ないキータッチでたくさんの文字を打てるようになる(単語登録や予測変換)、メールの文章そのものをつかいまわす（テンプレート）などの方法があります。

「いつも大変お世話になっております。」はローマ字入力で「itumotaihennosewaninatteorimasu.」ですから、32回のキータッチが必要です。この中で間違いがあれば「BackSpaceキー」を押して戻って正しい文字を再入力します。この繰り返しでキータッチの回数はどんどん増えていくのです。ミスタッチを限りなくゼロにするのが目標です。

メールを何度も入力していると、パソコンが勝手に予測変換をしてくれます。スマホなどにもこの機能があるので、予測変換の恩恵を受けている人も多いでしょう。私の場合「いっ」まで入力すると「一般社団法人日本ビジネスメール協会」と表示されるので「Tabキー」を押して候補を選択するだけです。

目の前に変換候補が表示されているのに、最後まで自力で入力する人がいます。それは本当に時間の無駄だしもったいない。パソコンには利用者の時間を短縮するために、ショートカットキーなどの機能も搭載されています。

MEMO 「Tabキー」などの操作は、日本語入力支援ソフトによって一部異なります。

◆便利なショートカットキー

コピー	Ctrl+C
貼り付け（ペースト）	Ctrl+V
切り取り	Ctrl+X
全選択	Ctrl+A

59 会社名・人名・製品名の誤入力を減らす

見えているものが正しいとは限らない

間違ってはいけない

会社名・人名・製品名などは絶対に間違ってはいけません。人は、見たものや考えたものを正しく入力しているつもりでも、頻繁に間違います。「渡辺」さんも「渡邊」「渡部」「渡邉」「渡鍋」のように複数のパターンがあります。どうしても入力しなくてはいけないときは、ワードに入力して、その文字を拡大して確認したこともあります。

入力すると、打ち間違えたり、変換ミスをしたりと間違える可能性があります。いちばん間違いがないのは、入力せずに相手のメールからコピー・アンド・ペーストすることです。過去に受け取った相手のメールで名前を確認して、その名前をコピーしたりもします。

思い違いをして名前を間違えるのはよくあることですが、名前の間違いは信頼を損なうだけでなく、相手の記憶に深く刻み込まれます。会社名・人名・商品名などの固有名詞は、間違えることがないよう、単語登録（辞書登録）しておきましょう。

単語登録は本当に便利

私の名前は「友朗」です。以前は、パソコンで名前を入力する際、「とも」と入力して「友」を表示、「ろう」と入力して「朗」を表示してそれを合体させて「友朗」を表示していました。

当時は大学生で、レポートを書いたり、卒業論文を書いたりする都度、名前の入力が面倒でしかたがありませんでした。「これを一生であと何回入力するんだろう」と思ったときに出会ったのが単語登録です。

「ともあき」「ともろう」のどちらでも「友朗」と出るように登録しました。普通に入力しても表示されます。間違って「ともろう」と入れても出ます。これには本当に感激しました。将来も続くであろうとうんざりしていた無駄な作業が一気になくなったわけです。ストレスから解放され、時間も生まれ、よいことばかりです。

私の会社は「株式会社アイ・コミュニケーション」ですが「株式会社アイ・コミュニケーションズ」「株式会社アイコミュニケーション」と間違われることがあります。間違いやすい会社名や担当者名、長い会社名などは単語登録しておくと誤字もなくなり、入力スピードもアップします。単語登録の手順を図にまとめたので、こちらをご覧ください。

◆ **単語登録の手順（Windows10の場合）**

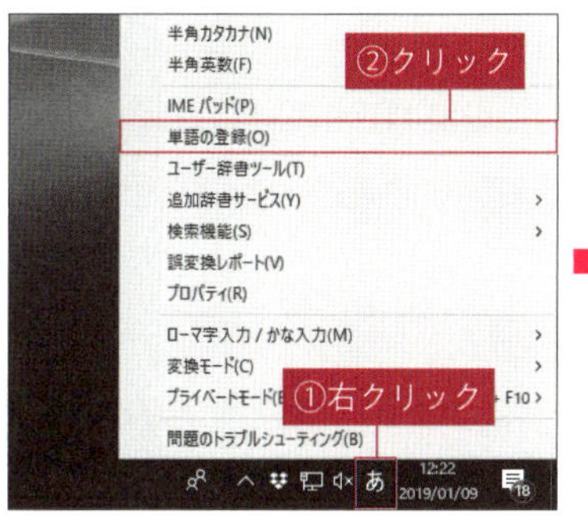

タスクバーの<あ>もしくは<A>を右クリックして、 <単語の登録>をクリックします。

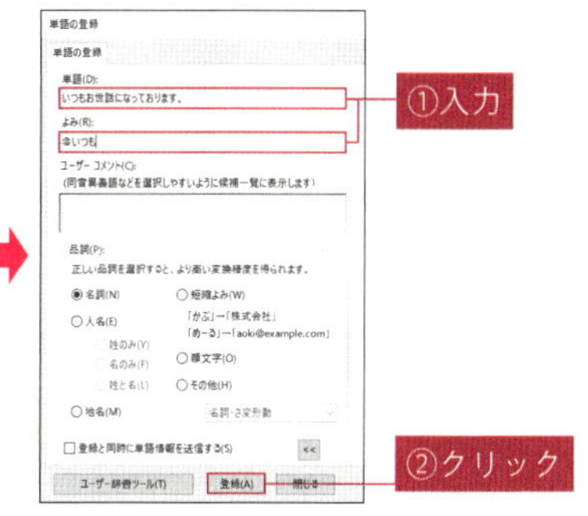

登録する単語とよみを入力して、 <登録>をクリックすると、 単語登録ができます。

COLUMN **間違いに気付きづらい漢字**

両国国技館の住所は「東京都墨田区横網１丁目」です。これを入力してみてください。多くの人が「横綱」と書いてしまったのではないでしょうか。両国国技館といえば相撲。相撲といえば横綱。そんな連想からついつい「横網（よこあみ）」を「横綱（よこづな）」と書いてしまうのです。これでも間違いに気付かない人は虫眼鏡でチェックしてください。

60 知って得する単語登録例

会社名・名前・製品名以外にも登録したら便利なもの

繰り返しの代表は挨拶

繰り返し入力しているものは単語登録をして、入力時間を圧縮するべきです。自分のメールを100通くらい見ると、繰り返し入力している言葉が出てきます。

「冒頭の挨拶」と「結びの挨拶」はすべてのメールに必ずあるので、繰り返し入力している言葉でしょう。冒頭の挨拶（P.25参照）、結びの挨拶（P.28参照）の一覧を参考に、単語登録してください。クッション言葉、お断り、催促、お礼、謝罪などのフレーズも頻繁に入力します。

こういった定番フレーズは、時間を作って、まとめて登録しておきましょう。

◆ 単語登録例

よみ	実際に呼び出される単語
いつも	いつもお世話になっております。
ありがとう	ありがとうございます。
よろしく	よろしくお願いいたします。

MEMO 単語登録の方法については、P.147を参照してください。

呼び出しに戸惑うなら@をつかう

単語登録に慣れるまでは、単語の呼び出しに戸惑うこともあります。「いつも」と入力した際に「いつもお世話になっております。」と出るように登録していたとします。その場合、「いつもありがとうございます。」と入力したら、「いつもお世話になっております。ありがとうございます。」と変換されてしまう可能性があります。ひらがなで入力したいのに誤って変換してしまうのです。

それが嫌なら「@」を付けて単語登録をしましょう。「@いつも」と入力すると、「いつもお世話になっております。」と表示されるようにすれば間違って呼び出されることはありません。「@」をつかうのはメールアドレスを入力するときくらいで、通常の日本語を入力するときはつかいません。

日々の改善が大きな効果を生む

どうやったらキータッチの回数を減らせるかを常に考えます。1年で250日働くとします。1日につき5分節約できたら1年間でどのくらいの時間が生まれるでしょう。5分×250日＝1,250分。つまり20時間50分の節約です。1日8時間の労働だと考えると約3日、同じく1日につき10分節約できたら年間約6日、15分なら年間約9日の節約です。1日数分の積み重ねが、数日分の節約につながります。

昨今、働き方改革や有給休暇の消化率という言葉をよく耳にしますが、日々の時間短縮にしっかり取り組めれば、このくらいの時間はすぐに生み出せるはずです。とくにパソコンでの作業は繰り返しの定型業務が多いため、削減に取り組みやすい傾向があります。その一方で、個人のスキルに依存することになり、作業の内容がブラックボックス化する傾向もあります。

61 メールは書かない コピペで完成

過去の文章を再利用する

テンプレートという発想を持つ

たった数パターンの単語登録で､入力時間短縮と誤字トラブルが減り、年間10日以上節約できます。これはメールの件数が多ければ多いほど効果的です。同じようにメールそのものをつかいまわせば時間短縮につながると考えるのは難しくありません。文章をテンプレート化し、メモ帳などで保存します。

メールを書いていて、「過去にも同じようなメールを書いた」と思い出すことがありませんか。メールの対応はいくつかのパターンに分かれています。過去のメールを編集して利用するのも手ですが、それだといちいち前のメールでどこを消すか残すか判断が大変です。そこで、同様の用途のメールすべてに共通する部分だけを抜き出して、テンプレートを作っておくわけです。ファイルを開いたら何も考えず足りない部分を補うだけで終わります。

私は、セミナーのお礼、訪問の前日のメール、書籍紹介のお礼メールなどつかう頻度が高いもの（月に1回以上確実につかうもの）をすべてテキストで保管しています。全部で30～50種類あり、必要に応じてつかい分けています。

COLUMN テンプレートはテキストエディタで作成

Wordはその中に書式が含まれるため、貼り付けたときにHTMLメールになってしまう可能性もあります。それを避けるために、テンプレートを作成するときは、書式を持たないメモ帳などのテキストエディタの利用を推奨しています。

テンプレートは通り道に保存する

テンプレートの保管場所に悩む人がいます。メールボックスの下書きに入れておく、パソコンにテンプレートフォルダを作ってその中に保管する、複数のフォルダの中にテンプレートを保管しておくなど人によってさまざまです。つかい勝手がよい方法を見つけてください。

私はセミナー終了後、受講者に参加のお礼メールを送っています。そのお礼メールのテンプレートは、セミナーのフォルダに入れています。以前はテンプレート専用フォルダに入れていたのですが、試行錯誤を重ねこの場所に落ち着きました。業務ごとにフォルダがあり、業務が終わるまでは頻繁に開くなら、その中にテンプレートも含めて業務関連の資料一式が入っていたほうが便利です。「このフォルダには必要なものがすべて入っている」という状態にすると、ほかを探す手間は省けます。不定期な業務や突発的に送ることがあるメールは、テンプレートフォルダを作り、その中で業務ごとに階層化してテンプレートを管理するほうが利便性は高いでしょう。

テンプレートは、急につかわなくなることもあります。その場合は、迷わず処分するか「頻度低」というフォルダを作って、しばらくはそこに入れておき、まったくつかわなくなったら処分してもよいでしょう。テンプレートも定期的にメンテナンスします。

◆パソコンのテンプレートフォルダのイメージ

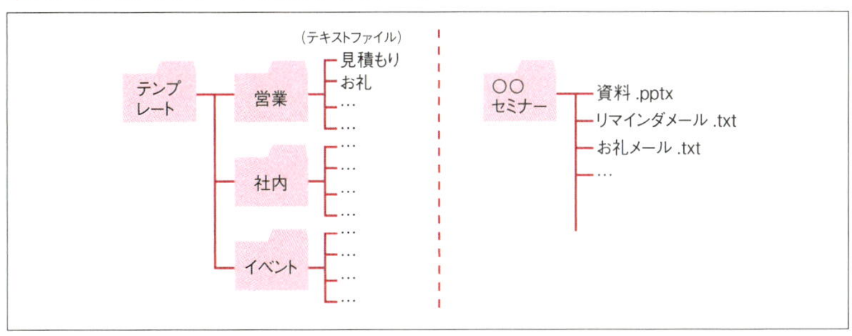

62 書き換えずに済む文章パーツを持つ

テンプレート化すべきものを見定める

単語登録かテンプレートか

メールを作成するときは、単語登録とテンプレートのどちらが効率的かを判断してつかい分けます。単語登録している1文を何パターンか組み合わせるだけで、数行のメールが完成します。それぞれの文章を組み合わせて状況にあったものに仕上げるには、1文ごとに出てくる単語登録がつかい勝手はよいです。1文を呼び出して「Enterキー」、1文を呼び出して「Enterキー」を繰り返します。

1文ごとに組み合わせていくのと、メモ帳のテンプレートをつかう境目は何行くらいでしょうか。ショートカットなどを駆使しても、保存しているメモ帳を開いてテンプレートをコピー・アンド・ペーストするまでに10～15秒くらいはかかります。5行程度の文章なら「数文字の入力＋Enterキー」を5回繰り返して呼び出したほうが早いでしょう。目安としては6行以上の文章はテンプレートにしたらよいといえます。

来客用のテンプレートを作ろう

複数行のパーツ文書で私がいちばん重宝しているのが、来客時に住所を知らせるテンプレートです（右図）。本文の上部には、打ち合わせの内容や質問事項などを記載し、住所を知らせる位置に貼り付けるだけ。このテンプレートでは、来客に向けて、「住所」「交通」「地図」「ひとこと」を記載するようにしています。

以前は、署名に住所が書いてあるから、そこを見てきてくれるだろうと思っていました。しかし、思いもしない出口から出たり、会社の近くまできているのに迷ったりする人が続出したのです。約束の時間が遅れたら、あとの予定にも影響が出ます。互いのためになりません。

そこで、私が実践したのがパーツのテンプレートの作成です。交通アクセスや地図のURLを知らせることで迷う人が格段に減りました。事前にこのようなメールを送ると、丁寧だと感謝されることも多いです。テンプレートを貼るだけなのでかかるのは10秒程度ですが、効果は絶大です。このひと手間があるから時間を有効につかえています。

◆来客用のテンプレート例

弊社のオフィスは以下の住所です。

■住所
東京都千代田区神田小川町2-1 KIMURA BUILDING 5階

■交通
・都営新宿線「小川町」駅　B7出口から徒歩1分
・東京メトロ丸ノ内線「淡路町」駅　B7出口から徒歩1分
・東京メトロ千代田線「新御茶ノ水」駅　B7出口から徒歩1分
・JR「御茶ノ水」駅徒歩8分

■地図
http://www.sc-p.jp/prof/access.html
※出口がわかりにくいのでこちらの地図をご覧ください

お目にかかれるのを楽しみにしています。
それでは、よろしくお願いいたします。

MEMO 単語登録についてはP.146を、テンプレートについてはP.150を参照してください。

63 部分引用で入力文字数を減らす

すべての効率を上げる部分引用

全文引用と部分引用

メールの返信には「全文引用」と「部分引用」の2種類があります。相手のメールをすべて残して、その上に一から新規のメールを書くのが全文引用です。一方、相手のメールの一部を残して、その下にコメントするような形で返信するのが部分引用です。

私は、この2つの返信方法を普段からつかい分けています。長文になればなるほど部分引用をつかい、短文は全文引用で返信しています。履歴を残したほうがよい相手には、全文を残した上で、今回の返信部分をコピー・アンド・ペーストし、部分引用として返事を書きます。これを私は「ハイブリッド返信」と呼んでいます。

◆部分引用

> 以下の日程のご都合はいかがでしょうか。
> 候補が少なくて恐縮ですが、ご都合を伺えると幸いです。

ご連絡ありがとうございます。
それでは、以下の日時でお願いいたします。

> 1月23日（水）13時～14時

よろしくお願いいたします。

部分引用は要約力を補える

長文のメールに返信する際は、もとのメールを見て要点をまとめて返信する必要があります。要約するのは頭をつかいます。ただでさえ国語力が落ちたといわれる昨今、要約する受信者と要約される送信者の理解がずれる可能性があります。

そのため、メールの内容が複雑な場合は、部分引用のような一問一答方式を推奨しています。部分引用をつかった返信は、相手のメールの不要箇所をカット、必要な部分を残し、その下に回答を書くだけです。回答漏れが起こりにくく、要点をまとめたときに日付などを誤って転記してしまう（5月11日と書こうとしたのに、5月12日と書いてしまう）などのミスも防げます。

情報が多ければ、回答漏れが起こりやすくなります。ビジネスメール実態調査2018によると、不快に感じた内容の第1位は「質問に答えていない」です。わざと答えていない人はごく少数でしょうが、このような問題が頻発しているのが事実です。相手の質問が10あったら、全文引用だと注意深く書かないと回答漏れが起こります。内容によっては、メールを印刷して回答漏れがないかチェックしたほうがよいこともあります。

一方、部分引用なら、その必要はありません。全文引用と比べると、要約が不要で入力する文字数も減るのでメリットばかりです。ただし、相手がHTML形式を利用している場合は、部分引用では返信がしにくいといったデメリットがあります。部分引用に慣れていない人がいるのも事実です。自分のスタイルを押し付けるのではなく、相手のメールを見て適した方法を模索するのがいちばん。ちなみに、私の会社では全員が部分引用をつかっています。これが組織の効率化にもつながっていると確信しています。

COLUMN

パソコン時代だから、スキルの差が大きくなる

昔は、電話や対面のコミュニケーションが主でした。どこのオフィスも話し声で活気に溢れていたように思います。

しかし、パソコンが出てきてからは、パソコン内での作業が増え、声をかけることも減ってきました。電話や対面でのコミュニケーションが多ければ「いまの言葉づかいは変えたほうがよい」「もっとこういう展開で話したほうがよい」とアドバイスがもらえたり、話している内容が漏れ聞こえてくることによりどんな作業をやっているのかイメージがつかめたりしました。

しかし、いまはパソコンというブラックボックスの中で仕事が行われています。真剣にパソコンの画面を見ていても、何をしているのかわかりません。本人はメールを一所懸命に入力しているかもしれませんが、30分かけてたった1通しか完成していないかもしれません。

個人のスキルを確認するために、どんなパソコン操作をしているのか、作業手順に問題がないか、ときには、このあたりをチェックすることで効率が上がるでしょう。個人のパソコンスキルの差が、そのまま仕事の成果にも直結する時代です。

たまに、メールがない時代のほうがよかったという話を聞きます。これは私も同感です。メール以外のソフトも含め、習得すべきものが増えました。

そのため、本来の業務に力を配分できない人も増えています。しかし、メールがない世の中は、当分やってこないでしょう。それならば、いまを受け入れて、メールのスキルアップに取り組むべきです。第5章でお伝えしているメール作成テクニックをつかえば、数週間の圧縮も可能です。

メールは、本来時間をかけるべきものではありません。だからこそ、細部に目を向けて1分でも、1秒でも短縮したいですね。

Index

あとがき

本書を最後までお読みいただきありがとうございます。

即効性にこだわり、スピードアップをしながらよい印象を与えるメール術について書きました。過去にもメールの本を中心に27冊を世に送り出してきましたが、スピードと印象に特化してまとめた初めての実践本です。

皆さまは、本書を読み終えたいま「頭ではわかっている」という状態のはず。しかし、やってみたら「思ったようにいかない」かもしれません。ここで諦めてはいけません。まずは本書にある「型」をしっかり守り、慣れたら自分らしさを加えましょう。

本書で何度も書いていますが、質の低いメールを送ることが、印象を悪くしたり、質問が増えて効率が落ちたり、意図が伝わらなかったりするなどの弊害を及ぼします。1通を3分で書けても、余計な時間があとで10分生まれたら意味がありません。メールの作成は、もっと全体を見て行うべきです。

スピードと印象。この2つはトレードオフの関係。速く書こうとするとどうしても雑になります。丁寧に書こうとすると時間がかかります。しかし、本書を読み終えたいま、時間をかけるべきところと悩まずシンプルに考えるべきところのメリハリが付くようになったはず。メール作成の目標時間は平均3分です。ここを目指して日々、メールのレベルアップに取り組んでください。

メールの作成は、ただのスキルです。逆上がりや自転車に乗るのと同じです。一度できるようになったら、それが継続します。うまくなったメールが、急に下手になることはありません。将来、効率的に仕事をするためにも、このことを信じて真剣にメールと向き合ってください。数週間、実践を続けると、驚くほど安定して効率的なメールが書けるようになるでしょう。

いま、私はメールを1通1分くらいで処理しています。考えながら入力し、タイプミス以外はほぼ修正なし。その間ずっと手は動いています。このくらい完全なメールが速く書けるようになったのは、日々たくさんのメールを書いて練習してきたからです。繰り返し、試行錯誤したからこそ、いまの状態になりました。

「わかる」から「できる」ようになるまでは数週間の出来事です。自分のメールから目をそらさず、常に改善してください。

生産性向上や働き方改革の話を聞くことが増えました。正直なところ、会議の時間や移動の時間など、目に見える時間の効率化には多くの手が入っていますが、メールの時間だけは目立たず、手付かずなままです。

本書のテクニックを駆使して、メールの時間が3割でも減ったらどうなるでしょう。その時間で、仕事のアイデアを練ったり、話したい人と打ち合わせをしたり、自己研鑽のための勉強をしたり。さらにビジネスに加速がつくことは間違いありません。

私の夢は、メールを使っている人の生産性を20%向上させること。仕事でメールを使っているすべての人がメールの時短テクニックを手に入れたらどうなるでしょう。個人の生産性が上がるだけでなく、会社……いえいえ、日本全体の生産性も上がるはず。メールは、時間短縮の効果がいちばん高い場所です。

これからも、メールの時間短縮を突き詰めて、書籍やメルマガ、ウェブサイトなどで情報を発信します。こちらも楽しみにしていてくださいね。

■ 著者プロフィール

平野友朗（ひらのともあき）

一般社団法人日本ビジネスメール協会 代表理事
株式会社アイ・コミュニケーション 代表取締役

筑波大学卒。広告代理店勤務を経て、2003年にメルマガコンサルタントとして独立。現在は、ビジネスメールの教育・改善の第一人者として活躍。メールに関するメディア掲載1000回以上、著書28冊。官公庁、企業、団体、学校へのビジネスメール講演・研修やコンサルティングは年間100回を超える。スキルアップから営業、効率化まで幅広いテーマの指導を行う。近著に『図解でわかる！ メール営業』（秀和システム）、『仕事が速い人はどんなメールを書いているのか』（文響社）。他著書、監修書多数。

株式会社アイ・コミュニケーション
http://www.sc-p.jp/

一般社団法人日本ビジネスメール協会
http://businessmail.or.jp/

ビジネスメールの教科書
https://business-mail.jp/

● 編集／DTP：リンクアップ
● 編集協力：直井章子
● 本文デザイン：リンクアップ
● 本文イラスト：中山　昭
● カバーデザイン：西岡裕二
● 担当：野田 大貴（技術評論社）
● 技術評論社 Webページ：http://book.gihyo.jp

■問い合わせについて

本書の内容に関するご質問は、下記の宛先までFAXまたは書面にてお送りください。なお電話によるご質問、および本書に記載されている内容以外の事柄に関するご質問にはお答えできかねます。あらかじめご了承ください。

〒162-0846
東京都新宿区市谷左内町21-13
株式会社技術評論社　雑誌編集部
「伝わるメール術 だれも教えてくれなかった
ビジネスメールの正しい書き方」質問係
FAX：03-3513-6173

※ご質問の際に記載いただいた個人情報は、ご質問の返答以外の目的には使用いたしません。また、ご質問の返答後は速やかに破棄させていただきます。

伝わるメール術 だれも教えてくれなかった ビジネスメールの正しい書き方

2019年3月2日　初版　第1刷発行

著者　平野 友朗
発行者　片岡 巌
発行所　株式会社技術評論社
東京都新宿区市谷左内町21-13
電話：03-3513-6150　販売促進部
03-3513-6177　雑誌編集部
印刷／製本　株式会社加藤文明社

定価はカバーに表示してあります。

ISBN978-4-297-10410-8 C3055

Printed in Japan